自適應式網頁設計 實戰

Responsive Web Design

專家教你輕鬆打造
絕佳的響應式網站

Thoriq Firdaus　著

王豪勳　譯

自適應式
網頁設計實戰

專家教你輕鬆打造絕佳的響應式網站

作　　　者：Thoriq Firdaus
譯　　　者：王豪勳
責任編輯：沈睿哖
行銷企劃：黃譯儀
發 行 人：詹亢戎
董 事 長：蔡金崑
顧　　　問：鍾英明
總 經 理：古成泉
出　　　版：博碩文化股份有限公司
地　　　址：221 新北市汐止區新台五路一段 112 號 10 樓 A 棟
　　　　　　電話 (02)2696-2869 傳真 (02)2696-2867
郵撥帳號：17484299　戶名：博碩文化股份有限公司
博碩網站：http://www.drmaster.com.tw
讀者服務信箱：DrService@drmaster.com.tw
讀者服務專線：(02)2696-2869 分機 216、238
（周一至周五 09:30 ～ 12:00；13:30 ～ 17:00）
版　　　次：2015 年 5 月初版
建議零售價：新台幣 350 元
I S B N：978-986-434-016-3
律師顧問：永衡法律事務所 吳佳憓律師

本書如有破損或裝訂錯誤，請寄回本公司更換

國家圖書館出版品預行編目資料

用範例學自適應式網頁設計：專家教你設計響應
式網站 / Thoriq Firdaus 著 . -- 初版 . -- 新北市：
博碩文化 , 2015.05
　面；　公分
譯　自：Responsive web design by example
beginner's guide, 2nd ed.

ISBN 978-986-434-016-3(平裝)

1. 網頁設計

312.1695　　　　　　　　　　　104007614

Printed in Taiwan

博 碩 粉 絲 團

歡迎團體訂購，另有優惠，請洽服務專線
(02) 2696-2869 分機 216、238

商標聲明

本書中所引用之商標、產品名稱分屬各公司所有，本書引用純屬
介紹之用，並無任何侵害之意。

有限擔保責任聲明

雖然作者與出版社已全力編輯與製作本書，唯不擔保本書及其所
附媒體無任何瑕疵；亦不為使用本書而引起之衍生利益損失或意
外損毀之損失擔保責任。即使本公司先前已被告知前述損毀之發
生。本公司依本書所負之責任，僅限於台端對本書所付之實際價
款。

著作權聲明

本書著作權為作者所有，並受國際著作權法保護，未經授權任意
拷貝、引用、翻印，均屬違法。

關於作者

Thoriq Firdaus 是一名生活在印尼的網頁開發者。他在網頁的設計與開發領域已有超過五年的工作經驗，協助過大大小小的客戶。他非常感激網頁開發社群的無私奉獻，而他也樂於嘗試有關於 HTML5 與 CSS3 的新事物，並且他有時也會在當地的大學或機構分享相關主題。

在工作之外，他把握每時每刻與他的妻子及女兒相處，一同觀賞電影、或者是在附近的咖啡廳或餐館一起享受美食。

關於審閱者們

Saumya Dwivedi 目前是 Groupon India Pvt. Ltd. 的一名技術職員。她擁有海得拉巴德資訊科技國際學院（International Institute of Information Technology，Hyderabad）的計算機科學學士學位。她也是一名軟體愛好者，在實習期間曾經參與過 Gnome 專案網站的響應式設計。她來自中央邦的印多爾，目前居住在欽奈市。

Gabriel Hilal 是一名具全端開發能力的網頁開發者，特別專精於 Ruby on Rails 及其相關技術。他擁有來自倫敦金斯頓大學（Kingston University）的學士以及碩士學位，當中所涉獵的專業分別是網路事業的資訊系統、以及資訊系統管理研究。他在大學期間開始喜歡 Ruby on Rails，從那時起，他便在他的自由工作生涯中、藉由行為驅動開發及敏捷方法來建構出許多高品質的 Rails 應用程式。可以透過他的個人網站（www.gabrielhilal.com）或電子郵件（gabriel@gabrielhilal.com）來與他聯繫。

Joydip Kanjilal 在 ASP.NET 領域擁有微軟最有價值專家（Most Valuable Professional，MVP）的榮譽，並且他也是一名演講者及作家，曾撰寫過多部著作與文章。他在 IT 領域擁有超過十六年的經驗，曾多次獲選為 MSDN 的雙週重點開發者（Featured Developer of the Fortnight），並且也曾在 www.community-credit.com 網站上多次獲獎。

以下是他過去的作品：

- 《Visual Studio 2010 and .NET 4 Six in One》（Wiley India Private Limited）
- 《ASP.NET 4.0 Programming》（McGraw-Hill Osborne）
- 《Entity Framework Tutorial》（Packt Publishing）
- 《Pro Sync Framework》（Apress）
- 《Sams Teach Yourself ASP.NET Ajax in 24 Hours》（Sams）
- 《ASP.NET Data Presentation Controls Essentials》（Packt Publishing）

以及他所曾經審閱過的作品：

- 《jQuery UI Cookbook》（Packt Publishing）
- 《Instant Testing with QUinit》（Packt Publishing）
- 《Instant jQuery Selectors》（Packt Publishing）
- 《C# 5 First Look》（Packt Publishing）
- 《jQuery 1.3 Reference Guide》（Packt Publishing）
- 《HTML 5 Step by Step》（O'Reilly Media）

他曾在許多著名網站上發表超過250篇文章，諸如www.msdn.microsoft.com、www.code-magazine.com、www.asptoday.com、www.devx.com、www.ddj.com、www.aspalliance.com、www.aspnetpro.com、www.sql-server-performance.com以及www.sswug.org等等。這當中的許多文章也曾經被轉載於微軟的ASP.NET官方網站（www.asp.net）上。

他在許多領域都擁有設計與擬定解決方案的多年經驗。他的技能包含了C、C++、VC++、Java、C# 5、Microsoft .NET、Ajax、WCF 4、ASP.NET、MVC 4、ASP.NET Web API、REST、SOA、設計模式、SQL Server 2012、Google Protocol Buffers、WPF、Silverlight 5、作業系統、以及計算機架構等。

他的個人部落格是http://aspadvice.com/blogs/joydip，而個人網站則是http://www.joydipkanjilal.com。你可以在Twitter（https://twitter.com/joydipkanjilal）或Facebook（https://www.facebook.com/joydipkanjilal）上追蹤他。或者你也可以在LinkedIn（http://in.linkedin.com/in/joydipkanjilal）上找到他。

Anirudh Prabhu是擁有超過五年工作經驗的網頁軟體工程師。他專精於HTML5、CSS3、PHP、jQuery、Twitter Bootstrap以及SASS等這些技術，此外他對CoffeeScript與AngularJS也有所瞭解。他在從事網頁開發工作之餘，也為twenty19網站（http://www.twenty19.com）建構關於上述技術的訓練素材及教學指南。

Taroon Tyagi是行動裝置及網頁領域的夢想家、設計師以及解決方案的建構者。他是理性的樂觀主義者，總是貪戀著美食、科技與知識。他在網頁、UX、UI設計以及前端開發等方面擁有超過五年的專業工作經驗。他目前的職務是互動設計主管，任職於印度古爾岡的Fizzy Software Pvt. Lid.。

當他上線時，他會持續參與在網頁開發社群中，試驗新技術並尋找靈感。而當他離線後，他則會沈浸在音樂、書本、構圖以及哲學思索中。

他也曾為Packt Publishing的其它書籍擔任技術審閱者。

序

自適應網站設計已經在網頁設計產業中引起不小的風暴。它不僅是一個趨勢，也是一項標準，是對當今網站的基本要求。你可能已經在部落格、討論區、臉書以及推特上讀過或接觸過許多有關自適應網頁設計的討論。並且你也希望你的網站能夠在任何螢幕尺寸上都能夠正確顯示。所以，本書正是你所尋求的解決方案。

本書將指引你如何透過範例、提示、程式碼實作以及專案規劃，來建構出高水準的自適應網站。此外，你也將學習如何使用CSS預處理器（LESS與Sass），讓你能夠撰寫出簡潔、靈活卻又強大的樣式規則。

本書內容

第1章，自適應網頁設計 —— 瞭解自適應網頁設計背後的原理，並解釋建構出一個自適應網站的基礎技術，然後介紹幾款自適應框架及其優點。

第2章，網頁開發工具 —— 幫助你準備、安裝與設定所需的軟體，來執行專案並且建構出自適應網站。

第3章，使用Responsive.gs建構一個簡單的自適應部落格 —— 介紹Responsive.gs框架，並且使用幾個HTML5元素與Responsive.gs網格系統來建構部落格的HTML結構。

第4章，部落格外觀改善 —— 編寫CSS樣式規則來加強部落格的質感。你也會學習到如何使用多支樣式表將部落格樣式模組化，並且將它們編譯為單一樣式表。

第5章，使用Bootstrap開發一個作品集網站 —— 利用Bootstrap框架元件（網格系統、按鈕與表單等），開發一個作品集網站。我們也將學習如何使用Bower來管理網站專案的函式庫。

第6章，使用 LESS 美化自適應的作品集網站 —— 探索並教授 LESS 的功能，例如嵌套、變數與摻入件，來撰寫出更加簡潔並且可重複使用的樣式規則，進而改善自適應作品集網站的外觀。

第7章，使用 Foundation 來打造商業應用的自適應網站 —— 使用 Foundation 框架的網格系統與元件來建構一個新創事業的自適應網站。

第8章，Foundation 的進一步擴展 —— 教導如何使用 Sass 與 SCSS 語法，例如變數、摻入件及函式，來為自適應的新創事業網站撰寫出可維護並且可重複使用的樣式。

本書的學習條件

你需要對 HTML 與 CSS 有基本的瞭解，至少你得知悉何謂 HTML 元素，以及知悉如何以 CSS 的基本格式來設計 HTML 元素的樣式。然後對於 HTML5、CSS3 以及命令行有一定的熟悉度與經驗。這並不是必需的，不過會更加有助於本書的學習。我們將會完整解釋每一項步驟與技術，以及一些方便的技巧與參考資源。

此外，你也需要擁有一部可以執行 Windows、OS X 或 Ubuntu 的電腦，還需要一款網頁瀏覽器（建議使用 Google Chrome 或 Mozilla Firefox），以及一款程式碼編輯器（我們在本書會使用 Sublime Text）。

本書的適用對象

本書會透過實例以及詳細的步驟說明來教導讀者如何建構出美觀的自適應網站。無論是專精與否，是新手還是經驗豐富的設計師也好。只要你有學習意願、並期望能夠快速建構出自適應式網站，本書都是很適合你的。

本書的小節

在本書中，你將會發現有幾種經常出現的標題，為了清楚地說明如何完成一項程序或任務，我們會使用以下這些小節：

是時候開始行動 —— 標題

1. 動作 1

2. 動作 2

3. 動作 3

剛發生了什麼事？

這一節是解釋你所完成的任務或指示。

小測驗 —— 標題

這裡會有一些選擇題，目的是幫助你測試自己的理解程度。

是該一展身手了 —— 標題

有好幾項實際的挑戰，讓你有些想法來試驗你所學習到的知識。

慣例

你也會發現有好幾種用來區分不同資訊的文字樣式，這裡有這些樣式的範例並說明它們的意義。

部份需要註明的內容可能會使用特別的字型，如下所示：「這支來自 Responsive.gs 的 boxsizing.htc 檔，能夠提供類似 CSS3 box-sizing 屬性的相似功能。」

程式碼區塊則如下所示：

```
* {
  -webkit-box-sizing: border-box;
  -moz-box-sizing: border-box;
  box-sizing: border-box;
  *behavior: url(/scripts/boxsizing.htc);
}
```

當我們希望你能夠注意程式碼區塊中的特定部份時，我們會特別以粗體標示：

```
* {
```

```
 -webkit-box-sizing: border-box;
 -moz-box-sizing: border-box;
 box-sizing: border-box;
 *behavior: url(/scripts/boxsizing.htc);
}
```

至於命令行的輸出及輸入則如下所示：

```
cd \xampp\htdocs\portfolio
bower init
```

重要名詞或重要文字也可能會以粗體表示，例如在畫面、選單或對話框中的特定文字，範例如下：「請勾選這兩支樣式表的 **Source Map** 選項來產生原始碼對應檔，這將有助於除錯。」

注意

警示或重要事項會像這樣出現在框中。

提示

提示與訣竅則會像這樣出現。

讀者回饋

我們歡迎讀者提供建議與指教。讓我瞭解你對這本書的看法 —— 無論是喜歡還是不喜歡。讀者回饋對我們是很重要的，可以幫忙我們製作出更好的內容。

只要寄送電子郵件至 feedback@packtpub.com，並在信件主旨中提及書籍的標題，就能夠為我們提供回饋。

倘若你對於某一項主題很專精，且對寫作也很有興趣，可以至 www.packtpub.com/authors 瞭解我們的作者指南。

下載範例原始碼

如果你是在我們的網站上購買書籍，你可以登入 http://www.packtpub.com 來下載書籍的範例程式碼。倘若你是在其他的地方購買本書，你仍可以至 http://www.packtpub.com/support 進行註冊，然後便能夠透過電子郵件取得檔案。

勘誤

雖然我們已盡最大努力確認內容的正確性，但漏網之魚是有可能存在的。倘若你有找到書中的一些錯誤，或許是文字或程式碼等等。如果你願意回報這些錯誤給我們，我們會非常感激。請前往 http://www.packtpub.com/submit-errata，選擇你所購買的書籍，點擊 Errata Submission Form 連結，然後輸入你的勘誤細節。倘若你的勘誤被確認，呈遞內容將會被接受，並上傳至我們的網站，或者是加入到該書籍現有的勘誤表中。

欲檢視之前所提供的勘誤內容，請至 https://www.packtpub.com/books/content/support，在搜尋欄中輸入書名。相關資訊將會顯示在 Errata 區塊中。

著作權侵害

網路上對於版權內容的侵害，是所有出版媒體都持續面臨的問題。我們非常重視版權與授權的保護，倘若你有在網路上發現任何非法的複製行為，請立即提供我們網址或網站名稱，讓我們可以立即糾正。

針對疑似盜版的內容，請寫信至 copyright@packtpub.com 與我們聯繫。

我們感激你為了保護我們的作者及內容所做的任何善舉。

問題

倘若你有對於本書的相關問題，你可以寫信至 questions@packtpub.com 與我們聯繫，我們會盡最大努力為你解決問題。

目 錄 Contents

13

第 1 章

自適應網頁設計

我依然記得，當我還是孩童時，那時候的手機只有小小的單色螢幕。功能就只有打電話、文字簡訊、玩玩一些小遊戲而已。但如今行動裝置（mobile devices）在各方面的功能都已經大幅地提昇。

現在的行動裝置充滿了各式的螢幕尺寸，有些甚至是高 DPI 或高解析度的，目前大部份的新裝置都有裝配觸控螢幕，可以讓我們方便地透過手指的觸碰或者滑動來跟裝置互動。螢幕的方向也可以在直向（portrait）與橫向（landscape）之間做切換，軟體性能也比在舊裝置上來得強。現在使用行動裝置的瀏覽器進行網頁瀏覽已經和桌上型電腦不相上下了。

除此之外，最近幾年使用行動裝置的用戶也呈爆炸性成長，我們見到許多人每天花了許多時間在行動裝置上、也就是使用手機或平板電腦來做事情。例如從事工作業務或者簡單的網路瀏覽。每年行動用戶的成長數甚至已經超越桌上型電腦用戶的總和。

這也就是說，行動裝置已經改變了網路生態，並且也改變了使用者存取網路以及體驗網站的方式。由於行動裝置的進步以及行動網路使用量的增加，也因此促成了一項新課題，那就是建構出一個在各種環境下都能夠存取並且運作良好的網站。這也是**自適應網頁設計（Responsive Web Design）**因應而生的原因。

我們將在本章討論以下的主題：

■ 一睹自適應網頁設計的基礎、檢視區元標籤（viewport meta tag）以及 CSS3 媒體查詢（media queries）。

■ 看一下在接下來的章節中，建構自適應網站時會使用到的自適應框架（responsive frameworks）。

自適應網頁設計概述

自適應網頁設計是在網頁設計與開發社群中最常被討論到的主題。所以，我想你們或多或少都有聽過它。

Ethan Marcotte 是「自適應設計」這個名詞的創造者。他在他的文章《Responsive Web Design》（http://alistapart.com/article/responsive-web-design/）裡，談到使用者瀏覽網站時，網頁應該無縫調整（seamlessly adjust）並適應環境，而非專門為特定平台設計。換句話說，網站應該是自適應的，它可以在任何螢幕尺寸上呈現，並且不受平台的限制。

以時代網站（http://time.com）為例，它的網頁不論是在有著較大畫面的桌上型瀏覽器還是檢視範圍受限的行動裝置瀏覽器上，都能夠適當配合。如同以下的擷圖所示，在行動裝置的瀏覽器上，頁首的背景顏色是深灰色，圖像等比例縮小，而 Tap 欄按下去則會出現時代網站所隱藏的最新消息、雜誌與影片區塊：

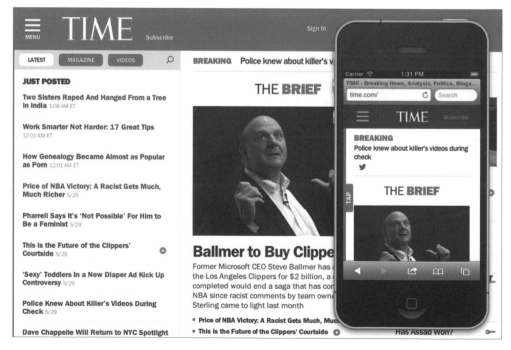

這裡有兩個建構自適應網站的元件，分別是**檢視區元標籤（viewport meta tag）**與**媒體查詢（media queries）**。

檢視區元標籤

在智慧型手機例如iPhone出現以前，每個網站的設計主流是以1000px或者980px寬度為主，但是它超出了手機螢幕的範圍，最後導致網站無法閱讀。於是便產生了`<meta name="viewport">`。

簡言之，檢視區元標籤是用來定義網頁比例及其可視範圍（也就是檢視區）。以下為檢視區元標籤的範例程式碼：

```
<meta name="viewport" content="width=device-width, initial-scale=1">
```

上面的檢視區元標籤規格中定義了網頁的檢視區寬度需依據裝置（device）而定。它也定義了在網頁在第一次開啟時的網頁比例為1:1，如此便可以讓網頁內容的大小與尺寸能夠一致，不能放大或縮小。

為了讓你理解檢視區元標籤是如何影響網頁佈局（layout），我建立了兩個網頁來做比較，一個是有加入檢視區元標籤，另一個則無。你可以從下圖見到其差異性：

第一個網站有加上檢視區元標籤，其規格與先前例子的程式碼相同。由於我們已經指定了 width=device-width，因此瀏覽器知悉網站檢視區得跟螢幕大小相同，所以它就不會將網頁塞進整個畫面中。而 initial-scale=1 則會將標題與段落維持在原始的大小。

第二個網站範例，也就是沒有加入檢視區元標籤的範例，瀏覽器假設整個網站都要完整顯示。所以瀏覽器會強迫將整個網站縮小塞入至螢幕範圍內，這使得標題與文字完全無法閱讀。

螢幕尺寸與檢視區

你可能會發現在許多的網頁設計討論區或者部落格中，檢視區以及螢幕尺寸（screen size）時常被交互提及，但事實上他們是兩回事。

螢幕尺寸是參考實際螢幕的尺寸，以一台 13 英吋的筆記型電腦為例，其螢幕尺寸通常是 1280*800 像素。至於檢視區換句話說是用來描述瀏覽器在顯示網站時的可視區域。如下圖表示：

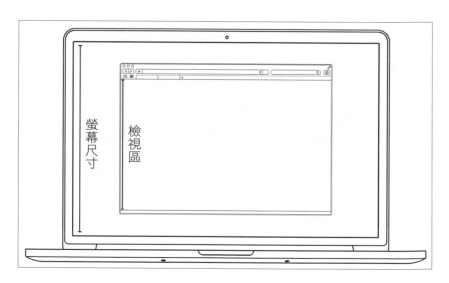

媒體查詢

CSS 的媒體型態模組（media types module）讓我們將目標放在特定媒體的樣式規則。倘若你曾經建立過列印樣式表，你多少應該熟悉媒體型態的觀念，CSS3 導入了一個新的觀念，稱為媒體查詢，可以讓我們在檢視區寬度的特定範圍內實施樣式（style），也就是所謂的斷點（breakpoints）。

以下是一項簡單的範例，當網站的檢視區尺寸為 480px 或以下時，我們將 p（段落）的字型從 16px 減少為 14px。

```
p {
font-size: 16px;
}
@media screen and (max-width: 480px) {
p {
    font-size: 14px;
}
}
```

前面的程式碼以下圖表示：

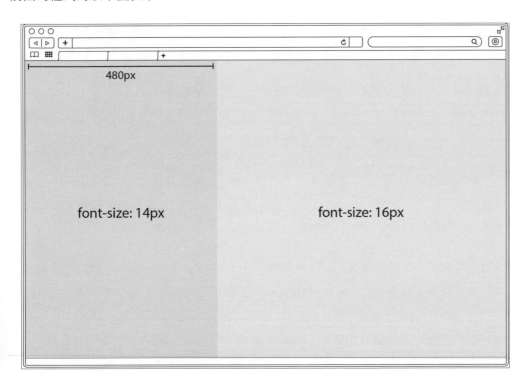

我們也可以使用 and 運算子來結合多種檢視區寬度的範圍。接續前面的例子，設定檢視區尺寸在 480px 與 320px 之間時，則 p 的字型大小為 14px，如下所示：

```
@media screen and (min-width: 320px) and (max-width: 480px) {
p {
font-size: 11px;
  }
}
```

 注意

檢視區與媒體查詢的參考資源

在建構自適應網站時，會需要處理檢視區元標籤與媒體查詢。Pack Publishing 有出版一本由 Ben Frein 所著的《Responsive Web Design with HTML5 and CSS3》針對這兩個部分，有更詳細的說明。我建議可以閱讀此書，並將其作為本書的補充參考書籍。

深入自適應框架

建立自適應網站可能會是件繁瑣的工作，在建構自適應網站時，有許多事物的尺寸需要考量，而其中一項便是網格（grid）。

網格可以幫助我們建立出網站的適當排版。倘若你有使用過 960.gs（http://960.gs，這是最受歡迎的 CSS 框架之一），那麼你便知道它可以在元素（element）裡加入預設類別（class）例如 grid_1 或 push_1，來組織網頁佈局。

然而，960.gs 網格是以固定單位來設定，單位為像素（pixel，簡寫為 px），如果要用來建構自適應網站是不太合適的。我們需要一個以百分比（%）單位設定的網格框架來建構自適應網站，因此我們需要一個自適應框架（responsive framework）。

自適應框架會提供建構自適應網站所需的材料，通常它包含了組成自適應網格的類別、基本的排版風格、表單輸入（form inputs）以及幾個處理各種瀏覽器特性的樣式。有些框架甚至有一系列的樣式，可以建立共同的設計模式與網頁使用者介面，例如按鈕、導覽列（navigation bars）以及圖像幻燈片（image slider）等等。這些預設的樣式可以讓我們減少麻煩，並且更快的開發出自適應網站。以下則是使用自適應框架的其他原因：

- **瀏覽器相容性**：確保網頁在不同瀏覽器上的一致性，是比開發網站本身還更令人感到痛苦與心煩的。然而框架能夠讓處理瀏覽器相容性所需的工作量降至最低。框架的開發者在公開釋出框架前，很有可能已經在多種桌上型與行動裝置的瀏覽器上、以最嚴格的環境測試過。

- **文件**：框架通常會包含容易理解的文件，記錄了使用框架的所需細節。文件對於框架的初次使用者非常有用，並且也有利於團隊合作，每一個人都能夠參考共同的文件，並遵循標準的程式碼寫作規範。

- **社群與擴充**：有些受歡迎的框架，例如 Bootstrap 與 Foundation，都有活躍的社群，可以協助處理框架中的 bug，以及功能的擴充。jQuery UI Bootstrap (`http://jquery-uibootstrap.github.io/jquery-ui-bootstrap/`)，或許就是一個不錯的例子。jQuery UI Bootstrap 是一款 jQuery UI 小工具（widget）的樣式集合，用來配合 Bootstrap 原始佈景主題（theme）的質感。通常免費的 WordPress 及 Joomla 佈景主題都是以這些框架為基礎。

在本書的課程中，我們將利用三款不同的自適應框架來建構三個自適應網站，分別是 Responsive.gs、Bootstrap 與 Foundation。

Responsive.gs 框架

Responsive.gs (`http://responsive.gs/`)，是一款輕量型（lightweight）的自適應框架，壓縮後只有 1 KB 大小。Responsive.gs 是以寬 940px 為主，並且搭配三種網格變化，分別是 12、16 與 24 欄（column）。Responsive.gs 有附帶 box-sizing polyfill，能夠支援 Internet Explorer 6、7 以及 8 的 CSS3 box-sizing，也因此能正確顯示在這些瀏覽器中。

注意

Polyfill 指的是能夠讓瀏覽器支援特定功能的程式碼，通常它是用來處理較舊的 Internet Explorer 版本，舉例來說，你可以使用 HTML5Shiv (`https://github.com/aFarkas/html5shiv`)，讓新的 HTML5 元素，例如 `<header>`、`<footer>` 與 `<nav>` 都可以被 Internet Explorer 6、7 以及 8 識別出來。

CSS方盒模型（box model）

HTML元素通常被歸類為區塊層級元素（block-level elements），它們實質上有如方盒一般，並且可以利用CSS設定其內容寬度、高度、邊界（margin）、留白（padding）以及邊框（border）。在CSS3之前，我們要設定一個方盒時會面臨一些限制。舉例來說，若我們設定一個<div>標籤，寬度與高度都是100px，如下所示：

```
div {
  width: 100px;
  height: 100px;
}
```

瀏覽器會繪製一個100px的方形區塊（div），如下圖所示：

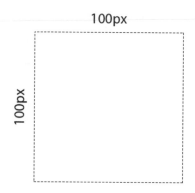

如果沒有加入留白以及邊界，這會是沒有問題的。但由於一個方盒有四邊，如果設定留白為10px（padding: 10px;），那麼實際上會將寬度與高度各加上20px —— 因為每一邊各加10px，如下圖所示：

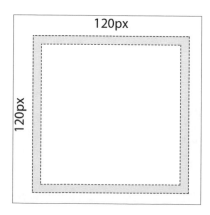

雖然它佔滿了頁面空間，但元素的邊界是在元素之外，而不是元素的一部分，倘若我們給予這個元素一種背景顏色，那麼邊界區域將不會套用這個顏色。

CSS3 box sizing

CSS3導入了名為box-sizing（方盒尺寸調整）的屬性，可以讓我們定義瀏覽器應如何計算CSS方盒模型。在box-sizing屬性裡，有好幾種值可以運用。

值	說明
content-box	這是方盒模型的預設值。這個值定義內容的寬度與高度不包含留白及邊框，如同我們先前所示範的。
border-box	這個值與content-box相反，方盒的寬度與高度包含了留白與邊框。
padding-box	在撰寫本書時，這個值還屬於實驗性質，最近才剛加入而已。它包含了留白但不包含邊框。

我們將使用border-box值在書中的每一項專案，如此一來我們可以容易地為網站判斷方盒尺寸。我們繼續以前面的例子來說明，不過這次我們將會設定box-sizing模型為border-box。如同前面表格所述，border-box會將方盒的寬度與高度維持為100px，不論增加多少留白或邊框。以下圖示表示兩種不同的值，content-box（預設值）與border-box的輸出比較：

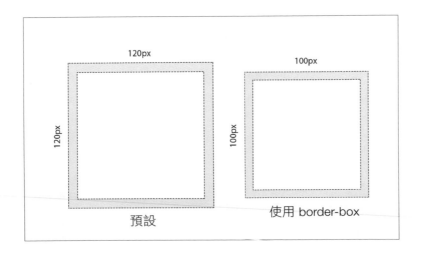

在本書中，我們將會使用 Responsive.gs，並在接下來的兩章深入說明，以建立一個簡單的自適應部落格。

Bootstrap 框架

Bootstrap (`http://getbootstrap.com/`)最早是由 Mark Otto (`http://markdotto.com/`)所建立，儘管一開始只打算用於 Twitter 上而已，但後來 Bootstrap 便免費釋出供大眾使用。

注意

Bootstrap 長久以來跟 Twitter 有關聯，但是自從作者離開 Twitter 之後，Bootstrap 便有了超乎預期的發展，現在已經有了自己獨立的品牌(`http://blog.getbootstrap.com/2012/09/29/onward/`)。

其實 Bootstrap 的早期版本是沒有自適應功能的，由於自適應網站的需求日增，於是在第二版加入這些功能。

與 Responsive.gs 相比，Bootstrap 內建了更多的功能。在預設的使用者介面樣式中，包括了一般用於網站介面的按鈕、導覽列、分頁(pagination)，以及表單，因此在開始一項新的專案時，你便不需要從頭建立這些樣式。除此之外，Bootstrap 也強化了一些自訂的 jQuery 外掛(plugin)、例如圖像幻燈片、轉盤(carousel)、彈出(popover)以及對話框(modal box)。

你可以用各種方式來自訂 Bootstrap，例如透過 CSS 樣式表(CSS style sheet)直接自訂 Bootstrap 佈景主題、至 Bootstrap 的自訂及下載頁面(`http://getbootstrap.com/customize/`)下載、或者使用 Bootstrap 的 LESS 變數與摻入件(mixin)來產生樣式表。

在本書中，我們會在第五章談到 Bootstrap，而在第六章則會利用 LESS 建構一個自適應的作品集網站。

Foundation 框架

Foundation (http://foundation.zurb.com/)是由ZURB所建立的框架，而ZURB是一間位於加州的設計公司。跟Bootstrap類似，Foundation不只是一款自適應CSS框架，它也附帶預設的網格、元件、以及幾個jQuery外掛來呈現互動功能。

一些著名的品牌，例如McAfee (http://www.mcafee.com/common/privacy/english/slide.htm)這個著名的電腦防毒品牌，它的網站也是採用Foundation。

Foundation的樣式表是使用Sass開發，這是基於Ruby的CSS預處理器 (preprocessor)，我們會在本書的最後兩章討論更多關於Sass與Foundation的功能，在那當中我們將會開發一個新創公司的自適應網站。

 提示

有許多人抱怨自適應框架的程式碼過於臃腫，這是因為諸如Bootstrap這類的框架被廣泛的使用，因此它必須涵蓋每一種設計方案，所以會包含一些你的網站可能不太需要的額外樣式。還好我們可以很容易地使用正確的工具，例如CSS預處理器以及正確的工作流程來減輕這個問題。

坦白地說，沒有完美的方案，使用的框架不見得適用於每一個人，一切還是要依你的需求、你的網站需求、特別是客戶的需求與預算而定。在真實環境裡，你必須要能夠權衡這些因素來決定是否需要自適應框架。關於這點，Jem Kremer在他的文章《Responsive Design Frameworks: Just Because You Can, Should You?》(http://www.smashingmagazine.com/2014/02/19/responsive-design-frameworks-just-because-you-can-should-you/)裡有廣泛的討論。

CSS 預處理器簡介

Bootstrap與Foundation使用CSS預處理器來產生樣式表。Bootstrap使用LESS (http://lesscss.org)，不過最近也開始支援使用Sass (http://sass-lang.com)。相反地，Foundation使用Sass作為產生樣式表的唯一方式。

CSS預處理器不全然是一門新的語言，倘若你認識CSS，你應該能夠馬上適應CSS預處理器。CSS預處理器只是藉由一些程式設計的特點例如變數、函式與運算子的使用來擴展CSS。

下面的例子是使用LESS語法來撰寫CSS：

```
@color: #f3f3f3;

body {
  background-color: @color;
}
p {
  color: darken(@color, 50%);
}
```

 提示

下載範例程式碼

你可以在 http://www.packtpub.com 利用你的帳戶來下載程式碼。如果你是在其他地方購買本書，你可以前往 http://www.packtpub.com/support 並註冊，便可藉由電子郵件取得程式碼。

如果編譯先前的程式碼，它會將所定義的 @color 變數輸出為特定值，如下所示：

```
body {
  background-color: #f3f3f3;
}
p {
  color: #737373;
}
```

變數可以在整個樣式表中重複使用，這樣能夠讓樣式保持一致，並且樣式表也更容易維護。

我們即將在藉由Bootstrap（第5章與第6章）與Foundation（第7章與第8章）來建構自適應網站的課程中，進一步使用及探索CSS預處理器（LESS與Sass）。

是該一展身手了 —— 深入自適應網站設計

我們在這裡所討論的自適應網頁設計，雖然重要卻僅是冰山一角，還有更多關於自適應網站設計的事物。我建議你花點時間讓自己能夠更深入洞察並解決無論是在概念上、技術上還是在一些條件上有關於自適應網站的問題。

以下則是一些參考資源的建議：

■ Ethan Martcotte 的《Responsive Web Design》(http://alistapart.com/article/responsive-web-design)

■ 也有另一篇來自於 Rachel Shillcock 的《Responsive Web Design》(http://webdesign.tutsplus.com/articles/responsive-web-design--webdesign-15155)

■ Ian Yates 的《Don't Forget the Viewport Meta Tag》(http://webdesign.tutsplus.com/articles/quick-tip-dont-forget-the-viewport-meta-tag--webdesign-5972)

■ Rachel Andrew 的《How To Use CSS3 Media Queries To Create a Mobile Version of Your Website》(http://www.smashingmagazine.com/2010/07/19/how-to-use-css3-media-queries-to-create-a-mobile-version-of-your-website/)

■ 閱讀由 Eric Portis 所撰寫、關於使用 HTML5 Picture Element 製作自適應式圖像的未來標準——《Responsive Images Done Right: A Guide To <picture> And srcset》(http://www.smashingmagazine.com/2014/05/14/responsive-images-done-right-guide-picture-srcset/)

■ 能夠讓表格資料自適應的綜合方法(https://css-tricks.com/responsive-data-table-roundup/)

小測驗 —— 自適應網站主要元件

Q1 本章大約有兩次提及 Ethan Martcotte 的文章，裡頭有談到關於制訂一個自適應網站所需的要素，其主要元件為何？

1. 檢視區元標籤與 CSS3 媒體查詢。

2. 流動網格(fluid grids)、彈性圖片(flexible image)與媒體查詢。

3. 自適應圖像、斷點與 polyfill。

Q2 什麼是檢視區？

1. 裝置的螢幕尺寸。

2. 網頁繪製的區域。

3. 設定網頁檢視區尺寸的元標籤。

Q3 下列何者為宣告CSS3媒體查詢的正確方式？

1. `@media (max-width: 320px) { p{ font-size:11px; }}`

2. `@media screen and (max-device-ratio: 320px) { div{ color:white; }}`

3. `<link rel="stylesheet" media="(max-width: 320px)" href="core.css" />`

自適應網站靈感來源

在進入到下一章並開始建構自適應網站之前，先花點時間尋找一些關於自適應網站的想法與靈感也是一個不錯的主意，先看看它們分別在桌上型瀏覽器以及行動裝置瀏覽器的佈局為何。

不時會需要重新設計網站來讓網站不至於過時是很司空見慣的事。因此與其去檢視那些有可能在幾個月後就因為重新設計而不再準確的網站擷圖，倒不如直接參考一些展示網站，以下便是相關的資源：

■ MediaQueries (`http://mediaqueri.es/`)

■ Awwwards (`http://www.awwwards.com/websites/responsive-design/`)

■ CSS Awards (`http://www.cssawards.net/structure/responsive/`)

■ WebDesignServed (`http://www.webdesignserved.com/`)

■ Bootstrap Expo (`http://expo.getbootstrap.com/`)

■ Zurb Responsive (`http://zurb.com/responsive`)

總結

在本章，我們一睹自適應設計背後的簡短背景，以及用來制訂自適應網站的檢視區元標籤和CSS3媒體查詢。本章最後也說明了我們即將使用以下的框架來進行三項專案：Responsive.gs、Bootstrap以及Foundation。

使用框架可以更快也更容易地建構出自適應網站，並使其運作起來，而無須樣樣都自己來。然而，使用框架也會有風險，倘若沒有做好的話，結果可能會是一場災難。可能會讓網站塞滿了不必要的樣式和JavaScript，這不僅會使得網站變慢，也會造成維護上的困難。

我們需要設定正確的工具，不僅讓專案能夠更順利，也讓網站更容易維護，而這也正是我們在下一章準備要做的部分。

第 2 章

網頁開發工具

所有專業人士都有其合適的工具來協助工作的完成。同樣的我們也需要有自己的工具來建構自適應網站。因此，在開始本書的專案之前，以下是我們需要先準備的工具。

我們需要準備的工具有：

- 程式碼編輯器。

- 將 CSS 預處理器語法編譯為一般 CSS 語法的編譯器。

- 一個本機伺服器（local server），讓網站在開發階段時能在本機運行網站。

- 使用 Bower 來管理網站函式庫。

挑選一款程式碼編輯器

當我們開始撰寫 HTML、CSS 與 JavaScript 時，我們會需要一款程式碼編輯器。程式碼編輯器是開發網站時不可或缺的工具。技術上來說你只需要一款類似 TextEdit（OS X）或者 Notepad（Windows）的文字編輯器來撰寫或編輯程式碼。不過，使用程式碼編輯器會比較不傷眼力。

類似於 Microsoft Word，程式碼編輯器有特別為文字或段落格式編排而設計，讓程式碼看起來更加直覺，程式碼編輯器設計了一組特別的功能來改善程式碼的撰寫體驗，例如語法顯著標示（syntax highlighting），自動完成（auto-completion）、程式碼片段（code snippets）、多行選取以及多種程式語言的支援。語法的顯著標示會以不同顏色來顯示程式碼，加強了程式碼可讀性，也更容易在程式碼中找到錯誤。

我個人所偏好的程式碼編輯器，也就是在本書中會使用到的是 Sublime Text（http://www.sublimetext.com/）。Sublime Text是一款支援 Windows、OS X 及 Linux 的跨平台程式碼編輯器。它可以免費下載做評估性的使用，並且沒有使用期限。

注 意

請記得雖然 Sublime Text 可以讓我們免費下載做評估使用，並且沒有限制期限，不過它有時候會提醒你購買授權。倘若你不想被打擾，請考慮購買授權。

Sublime Text 套件控制

我最喜歡 Sublime Text 的一點是套件控制（Package Control），這可以讓我們方便地從 Sublime Text 中搜尋、安裝、列出以及移除擴充套件。不過，Sublime Text 並沒有預先安裝套件控制，所以假設你已安裝了 Sublime Text（我假設你已經安裝了），我們將在 Sublime Text 中安裝套件控制。

是時候開始行動 —— 安裝 Sublime Text 套件控制

請執行以下步驟來安裝 Sublime Text 套件控制，這可以讓我們輕易地安裝 Sublime Text 擴充套件：

1. 安裝 Sublime Text 套件控制的最簡單方式是透過 Sublime Text 主控台（console）。請在 SublimeText 選單的 **View → Console** 來開啟主控台。你應該可以見到底部顯示出一個新的輸入欄位，如下圖所示：

2. 由於 Sublime Text 3 有著重大改版，幾乎改變了整個 API，套件控制現在已分為兩個版本，一個是用於 Sublime Text 2，另一個則是用於 Sublime Text 3。每一個版本各需要一段不同的程式碼來安裝套件控制。倘若你使用的是 Sublime Text 2，請從 https:// sublime.wbond.net/installation#st2 複製程式碼。如果你是使用 Sublime Text 3，則至以下網址來複製程式碼：https://sublime.wbond.net/installation#st3。

3. 將步驟 2 所複製的程式碼貼入至主控台輸入欄位，如下圖所示：

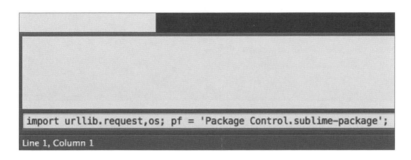

4. 按下 Enter 執行程式碼來安裝套件控制。這個過程可能會花點時間，依你的網路速度而定。

剛發生了什麼事？

我們剛剛在 Sublime 安裝了套件控制，如此便可以輕易地在 Sublime 進行搜尋、安裝、列出與移除套件。你可以經由選單的 **Tools → Command Palette...** 來存取套件控制。或者你也可以按下快捷鍵來存取。Windows 與 Linux 使用者可以按 Ctrl + Shift + P，而 OS X 使用者則是按 Command + Shift + P。然後，搜尋 **Command Palette...** 來列出所有套件控制的相關指令。

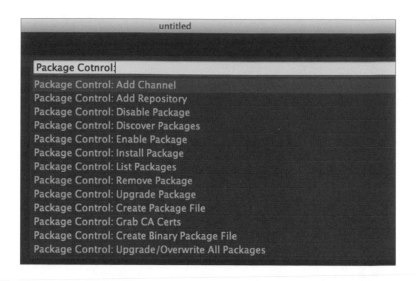

是該一展身手了 —— 安裝 LESS 與 Sass 語法標示套件

如第一章所述，我們準備使用這些 CSS 預處理器來為書中的兩項專案編寫樣式（style）。在安裝完 Sublime Text 與套件控制之後，你可以很容易地安裝特定的 Sublime Text 套件，來讓 LESS 與 Sass/SCSS 語法能夠以顏色標示。請接續我們先前提及的指示來進一步的安裝 LESS 與 Sass/SCSS 套件，它們的語法可以在以下位置找到：

- LESS Syntax for Sublime Text（`https://github.com/danro/LESS-sublime`）
- Syntax Highlighting for Sass and SCSS（`https://github.com/P233/Syntax-highlighting-for-Sass`）

設定本機伺服器

開發一個網站時在自己的電腦上設定並執行本機伺服器是必要的。當我們使用本機伺服器來存放網站，我們就能夠直接在瀏覽器上輸入 `http://localhost/` 來存取網站。並且我們也能夠在手機或平板瀏覽器上存取它，但如果是使用 `file:///` 協定來運行網站則沒有辦法。除此之外，一些腳本（script）可能只能在 HTTP 協定（`http://`）下運作。

有許多便利的應用程式只要點擊幾下便能夠完成本機伺服器的安裝及設定，在本書中我們會使用 XAMPP（`https://www.apachefriends.org/`）。

是時候開始行動 —— 安裝XAMPP

XAMPP具有Windows、OS X以及Linux版本。請從這個網址來下載安裝檔：`https://`
`www.apachefriends.org/download.html`，並依照你的平台來選擇合適的安裝檔，不
同平台的安裝檔有不同的副檔名，Windows的安裝檔是`.exe`、OS X是`.dmg`、Linux則是
`.run`。Windows平台安裝XAMPP的步驟如下：

1. 執行XAMPP的`.exe`安裝檔。

2. 倘若Windows使用者帳戶出現「Do you want to allow the following program to make changes
   to this computer?」(**您是否要允許下列程式變更這部電腦？**)的提示，點擊**Yes**。

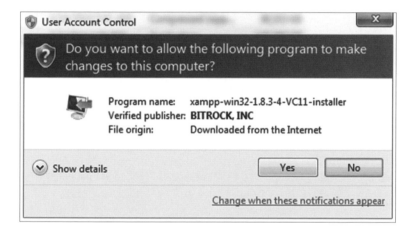

3. 當**XAMPP安裝精靈**的視窗出現後，點擊**Next**開始安裝程序。

4. XAMPP可以讓我們選擇想要安裝的元件，我們網站所需要的東西不多，只需要Apache
   來運行伺服器即可，所以我們無須選擇其他選項。(注意：**PHP**選項會變成灰色，無法取
   消勾選)。

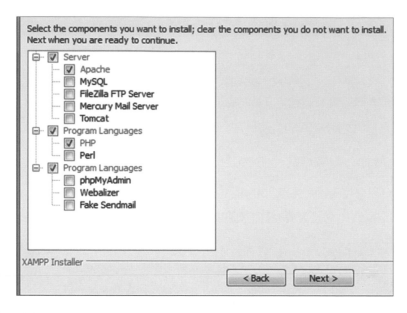

5. 確認完要安裝的元件之後，點擊 **Next** 按鈕繼續。

6. 接著會出現有關於 XAMPP 安裝位置的提示。我們將使用預設位置 `C:\xampp`，並點擊 **Next**。

7. 然後，繼續在接下來的兩個對話框中點擊 **Next**，來開始 XAMPP 的安裝，並等候安裝程序完成。

8. 安裝程序完成之後，應該會出現「**Setup has finished install XAMPP**」(**安裝程式已完成安裝 XAMPP**) 的視窗。點擊 **Finish** 按鈕來結束程序並關閉視窗。

在 OS X 執行以下步驟來安裝 XAMPP：

1. OS X 的使用者請開啟 XAMPP 的 `.dmg` 檔。應會出現一個新的 **Finder** 視窗，其中便包含了安裝檔，其名稱通常為 xampp-osx-*-installer (星號 * 代表 XAMPP 的版本)，如下圖所示：

2. 點擊**installer**檔便會啟動安裝程序。XAMPP 需要你的授權來執行安裝程式，所以請輸入你的電腦使用者名稱及密碼並點擊**OK**來給予存取權限。

3. 接著會出現**XAMPP 設定導引視窗**，點擊**Next**來開始安裝程序。

4. 不像 Windows 會列出每一個安裝元件，OS X 版本只會列出兩個元件，分別是**XAMPP Core Files**與**XAMPP Developer Files**，這裡我們只需要**XAMPP Core Files**，其中包括了執行伺服器所需的 Apache、MySQL 與 PHP。因此取消**XAMPP Developer Files**選項的勾選，然後點擊**Next**按鈕繼續。

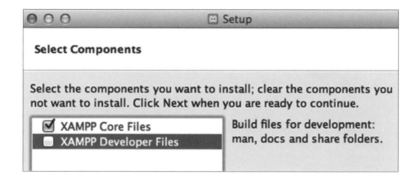

5. 你將會收到 XAMPP 準備安裝至 Applications 資料夾的提示，這裡不同於 Windows，安裝目錄是無法更改的，所以請點擊**Next**繼續。

6. 然後在接下來的兩個對話視窗點擊**Next**按鈕來開始安裝 XAMPP，並等候安裝程序完成。

7. 安裝完成後，你會看到**安裝程式已完成安裝 XAMPP**的提示視窗。點擊**Finish**按鈕結束程序並關閉視窗。

採取以下步驟在Ubuntu上安裝XAMPP：

1. 下載XAMPP的Linux安裝版本。安裝檔是以 .run 作為副檔名，並且有32位元以及64位元系統的版本。

2. 開啟終端機(terminal)並切換至安裝檔下載後所存放的資料夾。假設它是在 Downloads 資料夾，輸入：

```
cd ~/Downloads
```

3. 藉由 chmod u+x 給予 .run 可執行權限：

```
chmod u+x xampp-linux-*-installer.run
```

4. 以 sudo 指令後面接著輸入 .run 安裝檔的位置來執行該檔案，如下所示：

```
sudo ./xampp-linux-x64-1.8.3-4-installer.run
```

5. 步驟4的指令會帶出 **XAMP 安裝精靈**的視窗，點擊 **Next** 繼續，如下圖所示：

6. 安裝程式會讓你選擇要安裝在電腦上的元件，跟OS X版本一樣，會有兩個元件出現在選項中：**XAMPP Core Files**（包括了Apache、MySQL、PHP以及其他許多執行伺服器所需的東西）與**XAMPP Developer Files**。由於我們不需要**XAMPP Developer Files**，我們可以反選它並點擊**Next**按鈕繼續。

7. 安裝程式會顯示它準備將XAMPP安裝至/opt/lampp。這個資料夾位置無法自訂，因此只需要繼續點擊**Next**按鈕。

8. 在接下來的兩個對話視窗點擊**Next**按鈕來安裝XAMPP。

剛發生了什麼事？

我們剛在電腦上安裝了一個本機伺服器。你現在可以在瀏覽器上輸入http://localhost/來存取伺服器。不過，對於OS X的使用者，你的網址是你的電腦使用者名稱加上.local。譬如說你的使用者名稱是john，你就可以透過john.local來存取本機伺服器。本機伺服器的檔案路徑在每個平台上都不一樣：

■ Windows：C:\xampp\htdocs

■ OS X：/Applications/XAMPP/htdocs

■ 在Ubuntu：/opt/lampp/htdocs

提示

Ubuntu使用者可能會想要變更權限，並且在桌面建立一個資料夾的符號連結，來方便存取htdocs資料夾。要這麼做的話，你可以使用終端機並且從桌面的位置來執行sudo chown username:groupname /opt/lampp/htdocs指令，其中請將username與groupname改為你自己的使用者名稱與群組名稱。

執行ln -s /opt/lamp/htdocs便會在桌面上建立一個該目錄的符號連結，名為htdocs。從現在開始，我們可以只用htdocs來前往這個資料夾。XAMPP也配備了圖形應用介面讓你可以啟動或關閉伺服器，如以下擷圖所示：

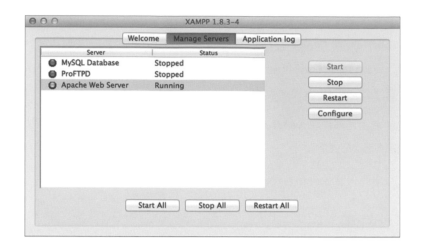

 注意

Ubuntu使用者，你必須執行 `sudo /opt/lampp/manager-linux.run` 或者 `manager-linux-x64.run`。

挑選 CSS 預處理器的編譯器

由於我們會使用 LESS 與 Sass 來為自適應網站產生樣式表，因此我們會需要一項工具來編譯、或者轉換成一般的 CSS 格式。

回到 CSS 預處理器正起步的時候，編譯它們的唯一方式就是透過指令列，這對許多想嘗試使用 CSS 預處理器的人會是個障礙。幸好現在已經有許多很棒的圖形介面程式可以編譯 CSS 預處理器，以下的清單可以讓你作為參考：

工具	語言	平台	售價
WinLESS（http://winless.org/）	LESS	Windows	免費
SimpLESS（http://wearekiss.com/simpless）	LESS	Windows、OS X	免費
ChrunchApp（http://crunchapp.net）	LESS	Windows、OS X	免費

工具	語言	平台	售價
CompassApp (http://compass.handlino.com)	Sass	Windows、OS X、Linux	$10
Prepros (http://alphapixels.com/prepros/)	LESS、Sass 等等	Windows、OS X	免費或付費($24)版本
Codekit (https://incident57.com/codekit/)	LESS、Sass 等等	OS X	$29
Koala (http://koala-app.com/)	LESS、Sass 等等	Windows、OS X、Linux	免費

我會盡可能顧及到各種平台，因此無論你是使用哪種平台，都可以跟著本書的專案來進行。所以這裡我們會使用Koala，它是免費的，並且可以在Windows、OS X以及Linux平台上使用。

無論是在哪一種平台上安裝Koala都很簡單。

開發用的瀏覽器

理想上，我們必須盡可能在各種瀏覽器測試自適應網站，甚至還要包括beta版的瀏覽器，例如Firefox Nightly (http://nightly.mozilla.org/)以及Chrome Canary (http://www.google.com/intl/en/chrome/browser/canary.html)。這可以確保我們的網站在各式環境中都能夠正常運作，不過在開發期間，我們可以挑選一款主要的瀏覽器作為開發基礎，並且也作為網站呈現結果的主要參考。

我們在本書會使用Chrome (https://www.google.com/intl/en/chrome/browser)，個人對Chrome的淺見是，它除了效能很好之外，也是一款強大的網頁開發工具。Chrome內建一套領先其他瀏覽器的工具集。以下則是我在Chrome中用來開發自適應網站時最喜歡的兩項工具。

原始碼對應（Source maps）

使用CSS預處理器的其中一種麻煩是樣式表除錯，由於瀏覽器引用的是最終產出的CSS樣式表，我們發現要從中找出CSS預處理器的程式碼是一件困難的事。

我們可以要求編譯器產生相關的註解，例如程式碼所在的行數，但原始碼對應提供了更佳的解決方案，與其產生一堆註解讓樣式表看起來很混亂，我們可以在編譯CSS預處理器時產生 .map 檔。透過這個 .map 檔，例如Chrome瀏覽器便可以啟用原始碼對應，當檢查某個元素時，它可以直接指出其來源，如下圖所示：

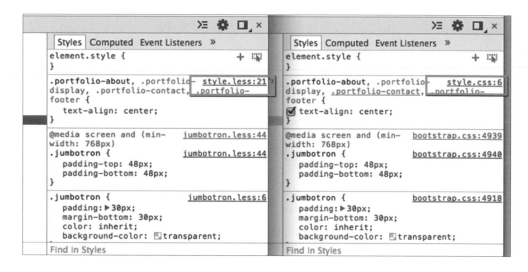

如同你在前面這張擷圖所看到的，左側的Chrome開發人員工具（DevTools）啟用了原始碼對應，可以直接對照 .less 檔，讓我們能夠輕易地對網站進行除錯。然而右側的原始碼對應則是關閉的，所以它是引用 .css 檔，而網站的除錯就會有點難度。

原始碼對應在Chrome最近的版本預設是啟用的，因此請確認你的Chrome是否為最新版本。

行動裝置模擬器

使用真實裝置（例如手機和平板）來測試自適應網站是無可替代的。每一款裝置都有它自己的特點，有一些因素會影響網站在該裝置上的顯示效果，例如螢幕尺寸、解析度以及行動瀏覽器的版本。然而，如果手上沒有這些裝置的話，我們仍可以使用行動裝置模擬器（mobile emulator）作為一時的替代方案。

Chrome內建了一個可以直接使用的行動裝置模擬器。這項功能預設了好幾款行動裝置品牌，包括iPhone、Nexus與黑莓機等等。它不僅能夠模擬裝置的使用者代理（user agent），也能夠啟用裝置的特定規格，包括螢幕解析度、像素比（pixel ratio）、檢視區尺寸以及觸控螢幕等。這些功能對於網站在早期開發時的除錯非常有用，不需要真實的行動裝置。

這個行動裝置模擬器可從Chrome開發人員工具裡、抽屜（drawer）圖示的**Emulation**分頁存取，如下圖所示：

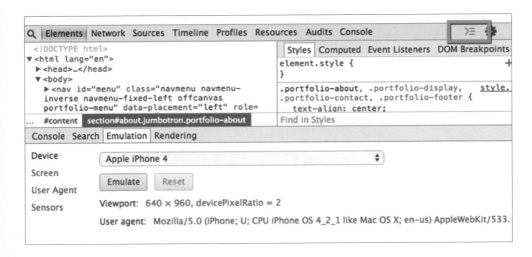

由於Chrome內建了行動模擬器，因此我們便無須再安裝其他的第三方應用程式或Chrome擴充套件。這裡我們將會用它來測試我們的自適應網站。

 提示

Firefox也有類似於Chrome行動模擬器的功能，不過比較起來它的功能較少，你可以從選單的Tools（工具）→ Web Developer（網頁開發者）→ Responsive Design View（適應性設計檢視模式）來啟用它。

使用 Bower 管理專案的依賴件

我們需要使用 Bower 來管理專案的一些相關函式庫(library),在網頁開發中,函式庫指的
通常是 CSS 與 JavaScript 程式碼的集合,作為網站功能的擴充。網站經常會倚賴特定的函
式庫來達成主要功能。舉例來說,倘若我們想要建立一個轉換匯率的網站,這個網站便
會需要 Account.js(http://josscrowcroft.github.io/accounting.js/),因為這是
一款很方便的 JavaScript 函式庫,能夠將一般的數字轉換為附帶貨幣符號的貨幣格式。

單一網站使用多種函式庫是很常見的事,不過要維護網站中的所有函式庫並確保都能夠
保持在最新版本,可能會蠻麻煩的,而這也就是 Bower 的功用了。

Bower(http://bower.io/)是一款前端(frontend)套件管理器,也是一款便利的工具,
可以讓我們輕易地對專案的函式庫及依賴件做新增、更新、移除等操作。由於 Bower 是
一個 Node.js 模組,所以我們得先在電腦上安裝 Node.js(http://nodejs.org/)才能使
用 Bower。

是時候開始行動 —— 安裝 Node.js

接下來是 Windows、OS X 以及 Ubuntu(Linux)的 Node.js 安裝步驟。你可以直接跳至你
所使用的平台。

在 Windows 執行以下步驟來安裝 Node.js:

1. 從 Node.js 下載頁面下載 Windows 版本的 Node.js 安裝程式(https://nodejs.org/
   download/),請選擇合適的安裝程式,有 32 位元或 64 位元版本以及 .msi 或 .exe 封裝
   可選。

 提示

如果想要瞭解你的 Windows 系統是 32 位元還是 64 位元,請閱讀此頁面:

http://windows.microsoft.com/en-us/windows/32-bit-and-64-bit-
windows

2. 執行安裝程式（.exe 或 .msi 檔）。

3. 在 Node.js 的歡迎訊息，點擊 **Next** 按鈕。

4. 如同往常，當你安裝一款軟體或應用程式時，會看到應用程式的授權合約，在你閱讀了協議之後，點擊「**I accept the terms in the License Agreement**」（我接受這份授權合約），然後按下 **Next** 按鈕繼續。

5. 然後你會看到關於 Node.js 安裝位置的提示，這裡便按照預設的資料夾，也就是 C:\ Program Files\nodejs\。

6. 從下圖來看，安裝程式會出現詢問是否要自訂安裝項目，這裡保持不變，直接按 **Next** 繼續。

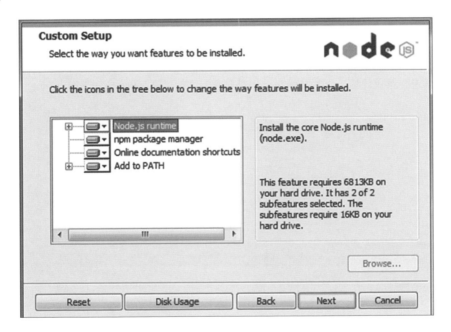

7. 接著點擊 **Install** 按鈕來開始安裝 Node.js。

8. 安裝過程非常快，只需要幾秒鐘。倘若你見到「**Node.js has been successfully installed**」（Node.js 已順利安裝完成）的通知，你便可以點擊 **Finish** 按鈕來關閉安裝視窗。

在OS X執行以下步驟來安裝Node.js：

1. 下載OS X版本的Node.js安裝程式，副檔名是 .pkg。

2. 安裝程式會顯示一則歡迎訊息，並顯示將要安裝Node.js的位置（/usr/local/bin），如下圖所示：

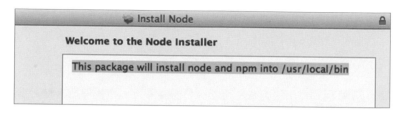

3. 安裝程式會顯示使用者授權合約。倘若你已閱讀並同意這項授權，點擊 **Agree** 按鈕，然後點擊 **Next** 按鈕。

4. 在安裝至你的電腦之前，OS X版本的Node.js安裝檔可以讓你選擇要安裝的功能，這裡我們選擇安裝所有功能，只要點擊 **Install** 按鈕來開始安裝Node.js，如下圖所示：

注 意

倘若你想要自訂Node.js的安裝項目，在左下方點擊 **Customize** 按鈕，如同前面這張圖所示。

在Ubuntu執行以下步驟來安裝Node.js：

在Ubuntu安裝Node.js非常簡單。你可以透過Ubuntu的 **Advanced Packaging Tool**（**APT**）、也就是apt-get來安裝Node.js。倘若你使用的是Ubuntu 13.10或更新的版本，你可以開啟終端機，依序執行下面兩個指令：

```
sudo apt-get install nodejs
sudo apt-get install npm
```

倘若你使用的是 Ubuntu 13.04 或更早之前的版本，則執行以下的指令：

```
sudo apt-get install -y python-software-properties python g++ make
sudo add-apt-repository ppa:chris-lea/node.js
sudo apt-get update
sudo apt-get install nodejs
```

剛發生了什麼事？

我們剛剛安裝了 Node.js 與 npm 指令，可以讓我們稍後透過 **Node.js Package Manager（NPM）** 來取得 Bower。npm 指令列現在應該可以透過 Windows 的命令提示字元（command prompt）或者 OS X 與 Ubuntu 的終端機來存取。請執行以下的指令來測試 npm 指令是否有效：

```
npm -v
```

這個指令回傳了安裝在電腦中的 **NPM** 版本，如下擷圖所示：

Windows 使用者可能會在命令提示字元裡看到一則訊息顯示「**Your environment has been set up for using Node.js and npm**」如下圖所示：

這裡告訴你可以在命令提示字元下執行 node 與 npm 指令了。

我們已經安裝並運行了 Node.js 與 npm，現在我們準備要來安裝 Bower。

是該一展身手了 —— 讓自己更熟悉命令列

在本書中,我們會使用命令列來安裝 Bower 以及 Bower 的套件。然而,如果你是像我一樣的圖形設計背景,通常使用的是圖形介面的應用程式,第一次操作命令列可能會感到不熟練甚至是有些害怕。因此我會建議你先花點時間來熟悉命令列的基礎。以下則是一些值得參考的文章:

- Jonathan Cutrell 的《A Designer's Introduction to the Command Line》(`http://webdesign.tutsplus.com/articles/a-designers-introduction-to-the-command-line--webdesign-6358`)

- Marius Masalar 的《Navigating the Terminal: A Gentle Introduction》(`http://computers.tutsplus.com/tutorials/navigating-the-terminal-a-gentle-introduction--mac-3855`)

- Lawrence Abrams 的《Introduction to the Windows Command Prompt》(`http://www.bleepingcomputer.com/tutorials/windows-command-prompt-introduction/`)

- Paul Tero 的《Introduction to Linux Command》(`http://www.smashingmagazine.com/2012/01/23/introduction-to-linux-commands/`)

是時候開始行動 —— 安裝 Bower

請執行以下步驟來安裝 Bower:

1. 倘若你使用的是 Windows,請開啟命令提示字元。而如果你是使用 OS X 或 Ubuntu,則開啟終端機。

2. 執行以下指令:

```
npm install -g bower
```

注意

倘若你在 Ubuntu 上安裝 Bower 時遇到問題,則在指令前加上 sudo。

剛發生了什麼事？

我們剛剛在電腦上安裝了 Bower，使 bower 指令能夠被使用。指令中的「-g」參數表示我們是全域（global）安裝，因此我們便可以在電腦的任何目錄裡執行 bower 指令。

Bower 指令

Bower 安裝完成之後，我們可以透過一組指令來操作 Bower 的功能。就跟安裝 Bower 時用的 npm 指令一樣，我們將會在終端機、或者 Windows 的命令提示字元來執行這些指令。所有的指令都是以 bower 起始，接著是指令的關鍵字，以下則是我們常用的指令：

指令	功能
bower install <函式庫名稱>	安裝函式庫至專案中。當我們執行這項功能，Bower 會建立一個名為 bower_components 的新資料夾來儲存所有的函式庫檔案。
bower list	列出專案中所有已安裝的套件。這個指令也會列出是否有新版本可以取得。
bower init	將專案設定為 Bower 專案。這個指令也會建立 bower.json。
bower uninstall <函式庫名稱>	從專案中移除函式庫。
bower version <函式庫名稱>	取得已安裝函式庫的版本。

注意

你可以執行 bower -help 來取得完整的指令清單。

小測驗 —— 網頁開發工具與命令列

Q1 我們剛安裝了 Sublime Text 以及套件控制。套件控制的用途是？

1. 易於安裝與移除 Sublime Text 套件。

2. 安裝 LESS 與 Sass/SCSS 套件。

3. 在 Sublime Text 上管理套件。

Q2 我們已經安裝了 XAMPP，但為什麼要安裝它呢？

1. 在本機建立網站伺服器。

2. 在本機開發網站。

3. 在本機管理專案。

總結

本章我們安裝了 Sublime Text、XAMPP、Koala 以及 Bower，這些工具將有助於我們建構網站。現在我們已經將工具準備好了，我們可以開始進行專案，那麼我們便進到下一章來開始我們的第一項專案吧。

第 3 章

使用 Responsive.gs 建構 一個簡單的自適應部落格

在前一章，我們安裝了幾款讓專案開發更加方便的軟體。這裡我們即將開始第一項專案，即我們將建構一個自適應的部落格。

擁有部落格對於一間公司而言是很必要的，即使是財富(Fortune)500大企業，例如 FedEx (http://outofoffice.van.fedex.com/)、微軟 (https://blogs.windows.com/)，以及通用汽車 (https://fastlane.gm.com) 都擁有官方的部落格。部落格是一間公司發布官方新聞以及與客戶或是大眾互動的極佳管道。部落格能夠自適應的話，便可以讓使用行動裝置（諸如手機或平板）的讀者更容易閱讀。

由於我們即將要建立的第一項專案並不複雜，因此這個章節會很適合自適應網頁設計的初學者。

讓我們開始吧。

我們在本章會介紹以下的主題：

- 深入 Responsive.gs 元件。
- 檢視部落格設計藍圖。
- 組織網站檔案與資料夾。
- 深入 HTML5 元素語義標記（semantic markup）。
- 建構部落格標記。

Responsive.gs 的元件

如同第一章所述，Responsive.gs 是一款輕量型的 CSS 框架。只需要極少的需求便能夠建立出自適應網站。我們在本章會來看看 Responsive.gs 的內容。

類別（class）

Responsive.gs 包含了一系列可重複使用的類別來組織自適應網格，讓網頁設計者可以更容易且更快速地建構網頁佈局。這些類別包含已經仔細校正並測試過的預設樣式規則。所以我們只需要將這些類別放進 HTML 元素中來建構自適應網格。以下為 Responsive.gs 的類別清單：

類別名稱	用法
container	我們使用這個類別來設定網頁容器（container），並對齊瀏覽器視窗的中心。不過這個類別並沒有給定元素寬度，Responsive.gs 讓我們能夠靈活地依照自己的需求來設定寬度。
row、group	我們使用這兩個類別來將一組欄包（wrap）起來。這兩個類別是以所謂的浮動自我清除（self-clearing floats）來設定，可以修復一些因為元素用到 CSS float 屬性所引起的佈局問題。 可進一步參考以下資訊瞭解有關於 CSS float 屬性以及它可能會引起的網頁佈局問題： Louis Lazaris 的《The Mystery Of The CSS Float Property》（http://www.smashingmagazine.com/2009/10/19/the-mystery-of-css-float-property/） Chris Coyier 的《All About Floats》（http://css-tricks.com/all-about-floats/）
col	我們使用這個類別定義網頁欄位。這個類別是以 CSS float 屬性來設定。因此任何以這個類別設定的元素，都必須在元素中包含 row 或 group 類別，以避免因為 CSS float 屬性所引起的問題。
gutters	我們可以使用這個類別來為 col 類別所設定的欄位增加間距。

類別名稱	用法
span_{x}	此類別定義欄的寬度。因此我們使用這個類別搭配col類別。 Responsive.gs內建三種網格的變化，可以讓我們很有彈性的建構網頁佈局。Responsive.gs可用於12、16及24欄格式。這些變化會以三個不同的樣式表來設定。倘若你下載Responsive.gs套件然後解開它，你會找到responsive.gs.12col.css、responsive.gs.16col.css與responsive.gs.24col.css三種樣式。 這些樣式表的唯一差異是定義在其中的span_類別數。顯然24欄格式的樣式表有最多的span_{x}類別，從span_1延伸至span_24。倘若你需要更加彈性地區隔你的網頁，那麼就使用Responsive.gs的24欄格式。不過每一欄可能會變得很窄。
clr	這個類別是為了處理浮動方面的問題。我們會在row類別存在問題時使用這個類別。

現在，我們藉由一項範例來看看它們是如何運作的。考量到網頁往往會具有多欄結構，我們可以用以下的語法來建構一個具有兩欄內容的網頁：

```
<div class="container">
<div class="row gutters">
  <div class="col span_6">
  <h3>Column 1</h3>
  <p>Lorem ipsum dolor sit amet, consectetur adipisicing
elit. Veniam, enim.</p>
  </div>
  <div class="col span_6">
    <h3>Column 2</h3>
    <p>Lorem ipsum dolor sit amet, consectetur adipisicing
elit. Reiciendis, optio.</p>
  </div>
</div>
</div>
```

藉由前面這段程式碼你可以見到，我們先加入一個container來包裹所有的內容。接著是以div加上一個row類別來將欄包裹起來。同時我們也加入了gutters類別，因此欄與欄之間會有間距。以這個例子來說，我們使用12欄格式。因此，為了將頁面分成相等的兩欄，我們加上span_6類別給每一欄。也就是說，為了將欄涵蓋整個容器，根據相應的變化，`span_{x}` 類別數應該等於 12、16 或 24。所以，舉例來說，倘若我們使用 16 欄格式，我們應加入的便是 `span_8`。

我們會在瀏覽器裡見到以下的結果：

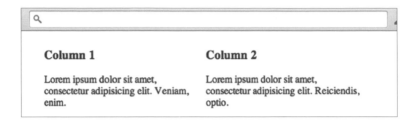

使用 HTML5 元素做語義標記

Paul Boag 在他的文章《Semantic code: What? Why? How?》(`http://boagworld.com/dev/semantic-code-what-why-how/`)裡寫道：

「HTML 原來是作為文件內容的描述，不是為了看起來賞心悅目的。」

不同於傳統的內容例如報紙或者雜誌，很清楚就是讓人們閱讀的，但是網頁需要同時讓人以及機器來閱讀，例如搜尋引擎與可以協助視障人士導覽網站的螢幕閱讀器。因此讓我們的網站具備語義結構是很值得鼓勵的。語義標記讓這些機器更容易瞭解內容，也讓這些內容更容易以不同格式來存取。

基於這個考量，HTML5 為了讓網頁更易於閱讀，導入了許多新元素，以下是我們將在這個部落格裡使用到的元素：

元素	說明
`<header>`	`<header>` 元素是用來指定區塊（section）的標題。這個元素通常是用來指定網站頁首，但也很適合使用這個元素來指定文章標題以及文章中其他需要標註的地方。如果有需要，我們可以在單一頁面多次使用 `<header>`。
`<nav>`	`<nav>` 元素是用來表示一組連結（link），作為網站或者頁面區塊的主要導覽。

元素	說明
`<article>`	`<article>`元素從字面上就可以看出來是用於網頁上的文章，例如部落格文章或主頁內容。
`<main>`	`<main>`元素定義了區塊（section）的主要部分，這個元素可以用來將文章內容包覆在內。
`<figure>`	`<figure>`元素用來指定文件中有關圖形的部分，例如示意圖表、插圖或是圖像。倘若需要的話，`<figure>`元素也可以搭配`<figcaption>`，用來加入圖形的說明（caption）。
`<figcaption>`	如前面所述，`<figcaption>`是用來表示文件圖形的說明，因此它必須與`<figure>`元素一起使用。
`<footer>`	跟`<header>`元素類似，`<footer>`元素一般是用來指定網站的頁腳（footer）。但是它也可以用來表示區塊的結尾或其底部。

 提示

請參考`http://websitesetup.org/html5-cheat-sheet/`，內有更多有關於 HTML5 的新 HTML 元素。

HTML5 的搜尋輸入型態

除了新元素之外，我們也會在部落格加入一個特別的新輸入型態 —— 搜尋（search）。如同名稱所指，搜尋輸入型態是用來指定一個搜尋輸入（search input）。在桌上型的瀏覽器上，可能看不出明顯的差異。你可能無法立即見到搜尋輸入型態對網站以及使用者有什麼好處。

然而這個搜尋輸入型態會提升行動裝置使用者的體驗。行動平台例如 iOS、Android 與 Windows Phone 等已經配備了螢幕文字鍵盤。這個鍵盤會根據輸入型態而變化。如以下擷圖所示，鍵盤上會顯示 Search 按鈕，方便使用者搜尋：

HTML5 的 placeholder 屬性

HTML5 導入一個名為 placeholder（佔位文字）的屬性。在規格敘述中，這個屬性是一個簡短的暗示（一個字或簡短片語），在尚未輸入值時，作為使用者的輔助提示，如下列語法所示：

```
<input type="search" name="search_form " placeholder="Search here...">
```

在 placeholder 屬性後的 **Search here...** 會顯示在輸入欄位，如下圖所示：

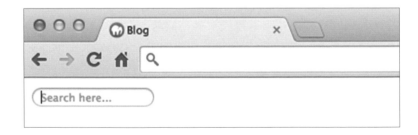

過去我們需要靠 JavaScript 來達成相同的效果。現在有了 placeholder 屬性變得更簡單了。

Internet Explorer 與 HTML5 支援

這些 HTML 新元素讓我們的文件標記更具描述性且更具意義。然而 Internet Explorer 6、7 與 8 卻無法辨識它們。因此選取器（selector）以及處理這些元素的樣式規則是不適用的，因為這些新元素並沒有包含在 IE 的字典中。

此時便是一支名為 HTML5Shiv 的 polyfill 可以發揮功效的時候。我們會加入 HTML5Shiv（https://github.com/aFarkas/html5shiv）來讓 IE8 以及較低版本的瀏覽器能夠支援這些元素。你可以閱讀 Paul Irish 的文章（http://www.paulirish.com/2011/the-history-of-the-html5-shiv/），從中瞭解 HTML5Shiv 的歷史以及它是如何被發明並開發出來的。

此外，較舊的 IE 版本沒辦法從 HTML5 的 placeholder 屬性產生內容。幸好我們可以使用 polyfill（https://github.com/UmbraEngineering/Placeholder）在舊的 IE 上修補 placeholder 屬性功能。我們將會在部落格上使用它。

深入 Responsive.gs 套件的 polyfill

Responsive.gs 包含兩支 polyfill 來啟用 IE 6、7 以及 8 所未支援的功能。從現在開始，我們以「舊 IE」來稱呼它，好嗎？

Box sizing polyfills

第一支 polyfill 是來自於名為 boxsizing.htc 的 **HTML Component（HTC）**檔。

HTC 檔跟 JavaScript 的作法一樣，通常都是利用 IE 專屬的 CSS behavior 屬性來加入特定的功能至 IE 中。而 Responsive.gs 所內建的這支 boxsizing.htc 檔可以提供 CSS box-sizing 屬性的類似功能。

Responsive.gs 在樣式表內包含了 boxsizing.htc 檔，如下所示：

```css
* {
 -webkit-box-sizing: border-box;
 -moz-box-sizing: border-box;
 box-sizing: border-box;
```

```
    *behavior: url(/scripts/boxsizing.htc);
}
```

如前面這段程式碼所示，Responsive.gs應用了box-sizing屬性，並以星號選取器來加入boxsizing.htc檔。這個星號選取器也就是所謂的萬用選取器（wildcard selector），由於它選取了文件中的所有元素，因此這個例子的box-sizing便會影響文件中的所有元素。

 注意

為了讓polyfill能夠運作，boxsizing.htc檔必須位於有效的絕對路徑或相對路徑。這是所謂的「hack」，也就是我們強行將舊瀏覽器變得如新瀏覽器般表現。使用如前面的HTC檔並不表示符合W3C標準。

更多有關於HTC檔的資訊請參閱微軟的頁面（http://msdn.microsoft.com/en-us/library/ms531018(v=vs.85).aspx）。

CSS3媒體查詢的polyfill

Responsive.gs所包含的第二支polyfill腳本是respond.js（https://github.com/scottjehl/Respond）。啟用CSS3 respond.js很簡單，我們只要在head標籤連結以下的腳本即可：

```
<!--[if lt IE 9]>
<script src="respond.js"></script>
<![endif]-->
```

在前面的程式碼中，我們將腳本封裝在<!--[if lt IE 9]>裡，讓腳本只能在舊IE中載入。

部落格示意圖檢視

建構一個網站就如同建造一間房子，在我們開始堆砌磚塊前，要先將每一個角落檢查過，我們需要檢視部落格的線框圖來看部落格是如何佈局以及部落格的元件是如何顯示的。

我們來看以下的線框圖。這張線框圖顯示出在桌上型螢幕上的佈局：

如同你在前面的擷圖所見，這個部落格很普通且簡單。在部落格的頁首（header）部分，有一個標誌（logo）及搜尋表單。在頁首下面，我們接著放置選單導覽、部落格刊文、可以前往下一頁或前一頁的分頁器，以及頁腳。

部落格刊文通常會包括標題、刊登日期、刊登的特色圖片以及刊文摘要。這張線框圖是部落格佈局的抽象概念，我們使用它作為視覺上的參考，來瞭解部落格是如何佈局。所以，儘管在線框圖中只有顯示一則刊文，但實際上我們會再加入幾個刊登項目。

以下則是檢視區寬度被壓縮後的部落格佈局：

當檢視區寬度變窄之後，部落格佈局是自適應的。值得注意的是當佈局變化時，我們不能改變內容的連貫性以及UI的層次。為了確保桌上型以及行動裝置版本的佈局能夠一致，讓使用者無論在哪裡檢視網站，都能夠快速地熟悉網站。如同先前的線框圖，儘管現在為了相容有限的區域，UI採取垂直堆疊的方式，但UI的次序仍是相同的。

另外一件值得一提的是：導覽部分現在變成一個 HTML 的下拉選項，我們會在建構部落格的後續課程中瞭解它的作法。

現在，我們已準備好工具並且檢查了部落格佈局，我們已準備好要開始這項專案，我們會先建立並安排專案的目錄以及相關素材。

規劃專案目錄與檔案

通常我們會需要連結某些檔案，例如樣式表與圖像。不幸的是，網站並不會很聰明，它們不會自己找到檔案。因此，我們必須正確地設定檔案路徑以避免連結錯誤。

這也是為什麼在建立一個網站時，目錄與檔案規劃很重要的原因。尤其是當我們是以一支團隊進行一項非常大型的專案、需要處理數百支檔案時就更為重要。檔案管理不善的話，很可能會讓團隊成員瘋掉。

好的目錄規劃可以幫助我們將無效連結這類的可能錯誤降至最低，也可以讓專案更容易維護與擴充。

是時候開始行動 —— 建立並規劃專案目錄跟素材

執行以下步驟來設定專案目錄：

1. 請至 htdocs 資料夾，這是在本機伺服器下的資料夾，其位置為：

   - Windows 為 C:\xampp\htdocs

   - OS X 為 /Applications/XAMPP/htdocs

   - Ubuntu 為 /opt/lampp/htdocs

2. 建立一個新資料夾，命名為 blog。從現在開始，我們將會以這個資料夾作為專案目錄。

3. 建立一個新資料夾，命名為 css，用來存放樣式表。

4. 建立一個新資料夾，命名為 image，用來存放圖像。

5. 建立一個新資料夾，命名為 scripts，用來存放 JavaScript 檔。

6. 建立一支新檔案，命名為 index.html，這支 HTML 檔會是部落格的主頁。然後從 http://responsive.gs 下載 Responsive.gs 套件。這個套件是 .zip 格式。將套件解壓縮，你會看到許多檔案，包括樣式表與 JavaScript 檔，如以下擷圖所示：

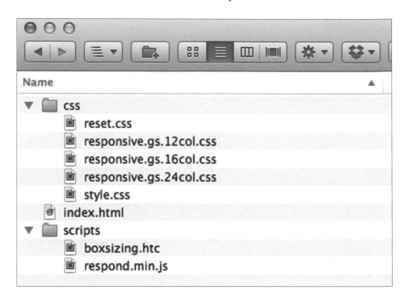

7. 移動 responsive.gs.12col.css 至專案目錄的 css 資料夾，這是我們唯一需要的 Responsive.gs 樣式表。

8. 將 boxsizing.htc 移至專案目錄的 scripts 資料夾。

9. 由於 Responsive.gs 套件包含的 respon.js 檔已過時，因此我們會從 GitHub（https://github.com/scottjehl/Respond/blob/master/src/respond.js）下載最新版本。將其放置到專案目錄的 scripts 資料夾裡。

10. 從 https://github.com/aFarkas/html5shiv 下載 HTML5Shiv。然後將 html5shiv.js 這支 JavaScript 檔放入 scripts 資料夾。

11. 我們將使用由 James Brumond 所開發的佔位文字 polyfill（https://github.com/UmbraEngineering/Placeholder），James Brumond 為了因應不同狀況開發了四支 JavaScript 檔。

12. 我們準備要在這裡使用的腳本是 ie-behavior.js，因為這個腳本是專門針對 IE。下載這支腳本（https://raw.githubusercontent.com/UmbraEngineering/

Placeholder/master/src/ie-behavior.js），並將其重新命名為placeholder.
js，使它看得出來是作為佔位文字的polyfill。將它放進專案目錄的scripts資料夾裡。

13. 這個部落格需要幾張圖片作為刊登的特色圖片。在本書，我們將會使用如下圖所示的圖
片，這些圖片是由Levecque Charles（https://twitter.com/Charleslevecque）及
Jennifer Langley（https://jennifer-langley.squarespace.com/photography/）
所拍攝。

 提示

Unsplash（https://unsplash.com）有提供更多高畫質的圖片。

14. 我會在部落格加入一個favicon。favicon是在瀏覽器分頁（tab）標題旁的小圖示，可以讓
讀者快速辨識出部落格。以下擷圖顯示在Chrome上的一些網站標籤。我打賭只靠這些小
圖示你一定也能夠辨識出這些分頁所載入的網站：

於Google Chrome上所顯示的網站標籤

15. 接著我們會加上一個用於 iOS 的圖示，在例如 iPhone 或者 iPad 的 Apple 裝置上，我們可以將這些網站放置在主畫面（home screen）上，方便我們快速地存取網站。這便是 Apple 圖示的作用，iOS（iPhone/iPad 的作業系統）會顯示我們所提供的圖示，如同原生的應用程式，如下圖所示：

16. 這些圖示可以在本書所提供的原始檔中找到，複製這些圖示並貼到我們剛在步驟 4 所建立的 image 資料夾中，如下圖所示：

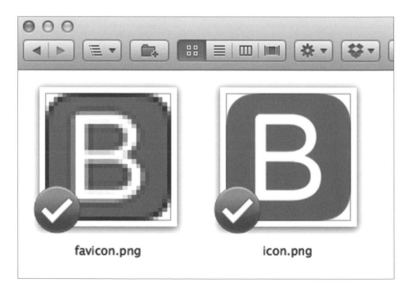

> ### 提示
>
> **藉由 ApplconTemplate 快速且簡單的建立 iOS 圖示**
>
> ApplconTemplate（http://appicontemplate.com）是一款 Photoshop 模板，可以讓我們很容易地設計圖示。這模板也包含了 Photoshop Actions，只要點擊幾下就可以產生圖示。

剛發生了什麼事？

我們剛為專案建立了一個目錄，並將一些檔案放進目錄中。這些檔案包含了 Responsive.gs 樣式表與 JavaScript 檔、圖像檔及圖示、以及幾個 polyfill。我們也建立了一支 index.html 檔，作為部落格的首頁。到這裡為止，這個專案目錄應該包含了如下圖所示的這些檔案：

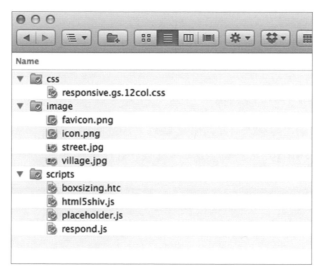

目前工作目錄中的檔案與子目錄

是該一展身手了 —— 讓目錄結構更有規劃

許多人有自己對於專案目錄規劃的偏好。前面段落的例子不過就是我自己對於專案目錄的管理方式。

你也可以試著對這個目錄做出更多調整來符合你自己的規劃方式，這裡提供幾個想法：

■ 讓資料夾名稱更短些，譬如以 js 與 img 來替代 JavaScript 與 Image。

■ 將資料夾 js、img 與 css 全部放進一個名為 assets 的資料夾。

小測驗 —— 使用 polyfill

在本書最開始的地方，我們討論了 polyfill，另外也談到了幾支準備在這個部落格使用的 polyfill 腳本。

Q1 你認為使用 polyfill 的適當時機是什麼時候？

1. 讓部落格能在 IE6 檢視。

2. 當某功能不被瀏覽器支援。

3. 我們需要在網站加入一項新功能。

4. 我們可以任意使用它。

部落格的 HTML 結構

我們在前面章節預備了專案的目錄結構及檔案，現在要開始來建構部落格標記。如前所述，我們會使用 HTML5 元素來塑造出更具意義的 HTML 結構。

是時候開始行動 —— 建構部落格

1. 開啟我們在前面一節的步驟 6 所建立的 index.html 檔。我們來加入最基本的 HTML5 結構，如下所示：

```
<!DOCTYPE html>
<html lang="en">
<head>
  <meta charset="UTF-8">
  <title>Blog</title>
</head>
<body>

</body>
</html>
```

這裡的DOCTYPE是設定為最簡單的型式。HTML5的DOCTYPE格式已經比HTML4來得更簡潔。然後我們設定網頁的語言，這裡是設為en（英文）。你可以設定為你自己當地的語言，請至以下頁面尋找你自己的本地語言代碼：http://en.wikipedia.org/wiki/List_of_ISO_639-1_codes。

我們也設定了UTF-8編碼來讓瀏覽器能夠顯示Unicode字元，例如將U+20AC轉換為可閱讀的€。

2. 在head標籤內的charset元標籤下方，加入以下的元標籤：

```
<meta http-equiv="X-UA-Compatible" content="IE=edge">
```

IE有時候會有點奇怪，會突然切換到相容模式，讓網頁呈現如IE 8或IE 7所顯示的一樣，這個元標籤可以避免這樣的情形。它會強迫IE以其最新標準來呈現網頁。

3. 在http-equiv元標籤，加入以下的檢視區元標籤：

```
<meta name="viewport" content="width=device-width, initialscale=1">
```

如同在第1章所述，前面的檢視區元標籤定義了網頁檢視區寬度來遵循裝置的檢視區大小。它也定義了在第一次開啟網頁時，其網頁比例為1:1。

4. 以link標籤來連結Apple圖示如下：

```
<link rel="apple-touch-icon" href="image/icon.png">
```

依照Apple官方的說明，你通常需要加入多個圖示來應付iPhone、iPad以及配備Retina螢幕的裝置。那其實對我們的部落格並不重要。我們可以僅放置一個最大的尺寸，也就是512px平方，如前面擷圖所示。

注意

請參閱Apple官方文件，其中有如何為WebClip指定網頁圖示的進一步說明(https://developer.apple.com/library/ios/documentation/AppleApplications/Reference/SafariWebContent/ConfiguringWebApplications/ConfiguringWebApplications.html)。

5. 加入一個描述用的元標籤在標題下方：

```
<meta name="description" content="A simple blog built using Responsive.gs">
```

6. 這個部落格的描述會顯示在搜尋引擎結果頁面（**Search Engine Result Page**，**SERP**）。在接下來的這個步驟，我們則會建構部落格頁首，首先我們加入HTML5的 `<header>` 元素搭配供樣式設定的類別，在body標籤內加入以下的語法來包裹頁首內容：

```
<header class="blog-header row">

</header>
```

7. 在第6步驟的 `<header>` 元素內，加上一個新的 `<div>` 元素搭配container與gutters類別，如下所示：

```
<header class="blog-header row">
<div class="container gutters">

</div>
</header>
```

可參閱本章先前的表格，container類別會將部落格頁首內容對齊瀏覽器視窗的中心，而gutters類別則會在欄與欄之間加入間隔，這在下一步會繼續處理。

8. 以 `<div>` 加上Responsive.gs的col與span_9類別將 `<div>` 設定為欄並指定寬度，使用這個新的欄來放置部落格標誌/名稱。不要忘記加入類別來自訂樣式：

```
<header class="blog-header row">
<div class="container gutters">
    <div class="blog-name col span_9">
<a href="/">Blog</a>
</div>
</div>
</header>
```

9. 參照部落格的線框圖，我們在部落格標誌/名稱旁邊會有一個搜尋表單。基於這項設計，我們以 `<div>` 元素加上Responsive.gs的col與span_3來建立一個輸入型態為search（搜尋）的新欄。將這個 `<div>` 元素加到標誌的標記下方。如下所示：

```
<header class="blog-header row">
<div class="container gutters">
      <div class="blog-name col span_9">
   <a href="/">Blog</a>
</div>
```

```
<div class="blog-search col span_3">
          <div class="search-form">
              <form action="">
 <input class="input_full" type="search" placeholder="Search here...">
</form>
          </div>
  </div>
</div>
</header>
```

如同本章前面所述，我們可以使用搜尋輸入型態來提供更佳的使用者體驗。這個輸入會顯示手機螢幕鍵盤並加上一個特殊鍵，讓使用者可以按下 **Search** 按鈕，並且立即執行搜尋。我們也使用 HTML5 的 `placeholder` 屬性來加入佔位文字，提示使用者可以利用輸入欄位在部落格裡執行搜尋。

10. 建構完部落格頁首之後，我們將建構部落格導覽（navigation），這裡我們會使用 HTML nav 元素來定義新的導覽區塊。建立一個 nav 元素並搭配樣式類別。在 header 結構下方加上 nav 元素：

```
...
</div>
</header>
<nav class="blog-menu row">

</nav>
```

11. 在 nav 元素內建立一個 container 類別的 div 元素，讓導覽內容與瀏覽器視窗的中心對齊：

```
<nav class="blog-menu">
<div class="container">
</div>
</nav>
```

12. 依照線框圖，這個部落格的連結選單有 5 個項目。我們會以 ul 元素來配置連結。如下所示，在 container 內加上這些連結：

```
<nav class="blog-menu row">
<div class="container">
    <ul class="link-menu">
      <li><a href="/">Home</a></li>
      <li><a href="#">Archive</a></li>
      <li><a href="#">Books</a></li>
      <li><a href="#">About</a></li>
      <li><a href="#">Contact</a></li>
```

```
         </ul>
</div>
</nav>
```

13. 完成了導覽的建構後，我們會建構部落格的內容區塊。根據線框圖，內容會包含刊文列表。首先，我們在導覽下方加上HTML5的`<main>`元素將內容包起來，如下所示：

```
...
</ul>
</nav>
<main class="blog-content row">

</main>
```

我們使用`<main>`元素是因為我們認為刊文是部落格的主要區塊。

14. 如同其他的部落格區塊（標題與導覽），我們加入一個含有container類別的`<div>`，讓部落格刊文能夠對齊中心。加上這個`<div>`元素在`<main>`元素內：

```
<main class="blog-content row">
    <div class="container">

</div>
</main>
```

15. 現在我們要加入部落格文章標記，將部落格刊文視為文章。因此在這裡我們使用`<article>`元素。如下所示，在有container的`<div>`內加上`<article>`元素，待會我們會在步驟17加入內容：

```
<main class="blog-content row">
<div class="container">
  <article class="post row">

  </article>
</div>
</main>
```

16. 如同先前所述，`<header>`元素並不限於定義頁首。也可以用來定義一個部落格區塊的首部。在這個例子中，不同於部落格頁首，我們會使用`<header>`元素來定義包含了標題以及發佈日期的文章區塊首部。

17. 在article元素內加入`<header>`元素：

```
<article class="post row">
<header class="post-header">
```

```
<h1 class="post-title">
<a href="#">Useful Talks &amp; Videos for Mastering CSS</a>
  </h1>
    <div class="post-meta">
    <ul>
       <li class="post-author">By John Doe</li>
       <li class="post-date">on January, 10 2014</li>
    </ul>
    </div>
</header>
 </article>
```

18. 一張圖片勝過千言萬語，通常刊文會搭配圖像來讓內容更生動些。這裡我們會將圖像顯示在文章首部下方。我們會將特色圖片與刊文的內容節錄合在一起作為刊登摘要，如以下程式碼所示：

```
...
 </header>
 <div class="post-summary">
<figure class="post-thumbnail">
<img src="image/village.jpg" height="1508" width="2800" alt="">
</figure>
<p class="post-excerpt">Lorem ipsum dolor sit amet, consectetur
adipisicing elit. Aspernatur, sequi, voluptatibus, consequuntur
vero iste autem aliquid qui et rerum vel ducimus ex enim
quas!...<a href="#">Read More...</a></p>
  </div>
</article>
```

接著便加入更多的刊文，此外你也可以選擇在其他刊文裡排除特色圖片。

19. 加入許多文章之後，我們現在要加上刊文分頁。分頁是可以讓我們跳到刊文列表的前一篇或下一篇的常見頁面導覽型式。通常，分頁是置於最後刊登項目後的頁面底部。

部落格的分頁包含了前往上一頁或下一頁的兩個連結，以及一個小區塊用來放置頁碼，讓使用者知道目前所在的頁面為何。

20. 所以在最後的刊文之後加上以下的程式碼：

```
...
</article>
<div class="blog-pagination">
<ul>
  <li class="prev"><a href="#">Prev. Posts</a></li>
  <li class="pageof">Page 2 of 5</li>
```

```
   <li class="next"><a href="#">Next Posts</a></li>
</ul>
</div>
```

21. 最後，我們要建構部落格頁腳。我們可以使用HTML5的<footer>元素來定義部落格頁
    腳。頁腳的結構與頁首相同。頁腳有兩欄，每一欄分別包含了部落格頁腳連結（或者稱
    為次要導覽）與版權聲明。這些欄是以<div>容器包起來，如下所示，在main區塊加入
    以下的頁腳：

```
      ...
</main>
<footer class="blog-footer row">
   <div class="container gutters">
<div class="col span_6">
<nav id="secondary-navigation" class="social- media">
         <ul>
           <li class="facebook">
<a href="#">Facebook</a>
  </li>
           <li class="twitter">
<a href="#">Twitter</a></li>
           <li class="google">
<a href="#">Google+</a>
   </li>
         </ul>
       </nav>
     </div>
    <div class="col span_6">
<p class="copyright">&copy; 2014. Responsive Blog.</p>
   </div>
   </div>
</footer>
```

剛發生了什麼事？

我們剛完成部落格的HTML結構 —— 頁首、導覽、內容以及頁腳。如果你有仔細依循
我們的指示，那麼你便可以從http://localhost/blog/或者OS X的http://{電腦使
用者名稱}.local/blog/來存取部落格。

不過，我們還沒有套用任何樣式，你會發現部落格看起來很樸素，佈局也還需要再做規劃：

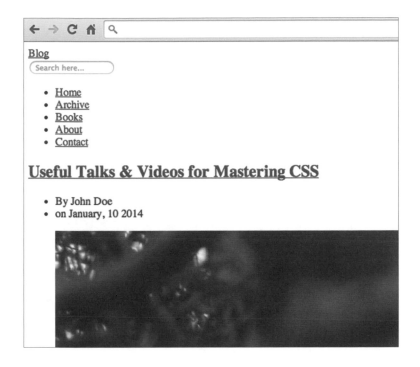

我們會在下一章裝扮這個部落格。

是該一展身手了 —— 建立更多部落格頁面

在本書，我們只有建構部落格的首頁。不過你也可以為部落格加入更多的頁面，例如加入「關於」頁面、單獨的內容頁面或者是聯繫表單。你可以重複使用我們在本章所使用的 HTML 結構。移除 `<main>` 元素內的所有東西，並依照你自己的需要來加入內容。

小測驗 ——HTML5 元素

我們以幾個關於 HTML5 的簡單問題來結束這一章：

Q1 `<header>` 元素的用途為何？

1. 它是用來表示網站頁首。

2. 它是作為介紹與導覽的輔助標記。

Q2 `<footer>`元素的功用為何？

    1. 它是用來表示網站頁腳。

    2. 它是用來呈現表示底端或區塊的最底部。

Q3 是否可以在同一頁面多次使用`<header>`與`<footer>`元素？

    1. 可以，只要它合乎語義邏輯。

    2. 不行，它會是冗餘的。

總結

本章，我們開始了第一項專案。在本章一開始，我們探索了 Responsive.gs 元件，瞭解 Responsive.gs 是如何建構自適應網格，也瞭解哪些類別可以用來形塑網格。

我們也討論了 HTML5，包含它的新元素，以及在瀏覽器內被用來模仿特定 HTML5 功能的 polyfill。然後，我們使用 HTML5 來建構部落格標記。

在下一章，我們會將重點放在 CSS3 的使用以及加入一些 JavaScript 來改善部落格，我們也將針對舊 IE 的問題來對部落格進行除錯。

第 4 章

部落格外觀改善

在前面一章，我們使用HTML5元素建構了從區塊頁首至頁腳的部落格標記。但目前還沒有為部落格打點門面。倘若你在瀏覽器上開啟部落格，你會感到空空蕩蕩的，因為我們還沒有撰寫樣式來幫它修飾外表。

本章的課程內容是以CSS以及JavaScript來佈置部落格，我們會使用CSS3來加入部落格樣式，CSS3提供了許多新CSS屬性，例如border-radius、box-shadow以及box-sizing，讓我們不需要加上圖像或者額外的標記就能夠佈置網站。

不過，如同前面所述，這些CSS屬性只能適用於較新的瀏覽器版本。IE 6至IE 8無法辨識這些CSS屬性，因此無法在瀏覽器中輸出結果。所以為了解決這個問題，我們會使用幾支polyfill來修補，讓我們的部落格在舊瀏覽器上也能順利呈現。

冒險即將展開。

在本章，我們會介紹幾項主題：

■ 探索這個部落格會使用到的CSS屬性與CSS函式庫。

■ 藉由Koala對樣式表與JavaScript進行編譯及壓縮。

■ 以行動裝置作為部落格樣式規則的優先結構。

■ 也為桌上型版本做最佳化。

■ 藉由polyfill來修補在IE上的部落格呈現。

使用 CSS3

CSS3 包含了期待已久的屬性，`border-radius` 與 `box-shadow`，這些屬性簡化了 HTML 用來呈現圓角（rounded corner）與陰影（drop shadow）的陳舊方法。除此之外，它也包含了一個新型態的偽元素（pseudo-element），可以讓我們為 `placeholder` 屬性的佔位文字（placeholder text）設定樣式。

讓我們來看看它是如何運作的。

以 CSS3 建立圓角

回到 90 年代，建立一個圓角是很複雜的事，不可避免的要加上一堆 HTML 標記、裁切圖片並制定許多的樣式規則。如同 Ben Ogle 的文章（http://benogle.com/2009/04/29/css-round-corners.html）所述。

然而 CSS3 能夠容易以 `border-radius` 建構圓角屬性，如下所示：

```
div {
  width: 100px; height: 100px;
  border-radius: 30px;
}
```

前面的樣式規則會將方盒（請閱讀第 1 章關於 CSS 方盒模型的說明）的四角以 30px 來變成圓角，如下圖所示：

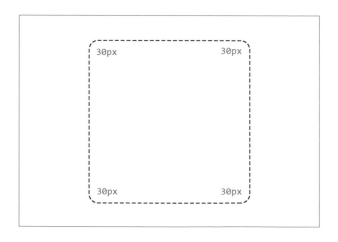

另外我們也可以只將某個角變圓，舉例來說，以下這段程式碼就是只把右上角變成圓角

```
div {
  width: 100px; height: 100px;
  border-top-right-radius: 30px;
}
```

建立陰影

就如同於圓角的建立，以往欲建立陰影不可避免地會需要使用圖像。現在導入box-shadow屬性後加入陰影已經變得很容易了。box-shadow屬性包含了五種參數（或值）：

第一個參數指定陰影的位置。這個參數是選擇性的。將值設為inset會在方盒內產生陰影，或者將值留空，陰影便會顯示在外面。

第二個參數指定了方盒陰影的**垂直（vertical）**及**水平（horizontal）**位移距離。

第三個參數指定**陰影模糊（shadow blur）**，也就是陰影變淡的值，數值越大會產生更大但是也更淡的陰影。

第四個參數指定**陰影擴大（shadow expansion）**，這個值跟陰影模糊有些相反，如果值變大，陰影既會擴大也會變深。

最後一個參數則是指定顏色，其顏色可以是任何網頁相容的顏色格式，包括十六進位、RGB、RGBA以及HSL。

繼續先前的範例，我們可以加入box-shadow：

```
div {
  width: 100px;
  height: 100px;
  border-radius: 30px;
  box-shadow: 5px 5px 10px 0 rgba(0,0,0,0.5);
}
```

前面的程式碼會輸出如下圖所示的陰影：

倘若你想要在方框內顯示陰影，則在前面加入 inset，如下所示：

```
div {
  width: 100px;
  height: 100px;
  border-radius: 30px;
  box-shadow: inset 5px 5px 10px 0 rgba(0,0,0,0.5);
}
```

提示

CSS3的 box-shadow 屬性有許多創新方式能夠加以運用，為了讓你有些靈感，你可以
參考由 Paul Underwood 所展示的一些範例：http://www.paulund.co.uk/creating-
different-css3-box-shadows-effects

CSS3 的瀏覽器支援與供應商前綴的使用

border-radius 與 box-shadow 這兩個屬性在許多的瀏覽器上已經可以運行。技術上
倘若我們只須使用較新的瀏覽器版本，我們便不需要加入所謂的供應商前綴（vendor
prefix）。

然而，倘若我們想要讓 border-radius 與 box-shadow 也能夠在非常早期的瀏覽器上、
例如 Safari 3、Chrome 4、以及 Firefox 3 上也能夠運行，就需要加入供應商前綴，因為
這兩個屬性被當時的瀏覽器標示為實驗性的屬性。每一款瀏覽器都有它的前綴，如下所

示：

- `-webkit-`：這是使用 Webkit 引擎的瀏覽器前綴，目前包括了 Safari、Chrome 與 Opera。

- `-moz-`：這是 Mozilla Firefox 的前綴。

- `-ms-`：這是 IE 的前綴。然而從 IE 9 開始已經支援了 `border-radius` 及 `box-shadow`，便不需要加入這個前綴了。

我們再次使用先前的範例來說明。以供應商前綴來應付 Chrome、Safari 與 Firefox 的早期版本，其程式碼如下所示：

```css
div {
  width: 100px;
  height: 100px;
  -webkit-border-radius: 30px;
  -moz-border-radius: 30px;
  border-radius: 30px;
  -webkit-box-shadow: 5px 5px 10px 0 rgba(0,0,0,0.5);
  -moz-box-shadow: 5px 5px 10px 0 rgba(0,0,0,0.5);
  box-shadow: 5px 5px 10px 0 rgba(0,0,0,0.5);
}
```

這些程式碼可能會變得有點長，不過仍然比大量的樣式規則與複雜的標記還要好上許多。

 注意

Chrome 及其新引擎——Blink

Chrome 決定從 Webkit 另起爐灶，建構自己的瀏覽器引擎，名為 Blink（http://www.chromium.org/blink）。此外 Opera 也已經捨棄了自己的引擎（Presto）並轉向 Webkit，但後來則進一步的跟隨了 Chrome 的腳步。Blink 並未使用供應商前綴，所以沒有像 `-blink-` 這樣的前綴。因此實驗性功能在 Chrome 的最新版本裡並非藉由供應商前綴來啟用，而是透過在 `chrome://flags` 頁面的選項來啟用（預設為停用）。

自訂佔位文字樣式

針對 HTML5 另外增加的 placeholder 屬性，該如何自訂其佔位文字呢？瀏覽器預設顯示的佔位文字是淡灰色，我們該如何變更顏色或字型大小呢？

在撰寫本書時，每一款瀏覽器都有自己的方法來處理。基於WebKit的瀏覽器例如Safari、Chrome與Opera是使用「::-webkit-input-placeholder」。IE 10使用「:-ms-input-placeholder」。另外Firefox 4至18則使用偽類別（pseudo-class）「::-moz-placeholder」，不過從Firefox 19開始為了依循標準，它已經被偽元素（pseudo-element）「::-moz-placeholder」（注意這裡是雙冒號）取代了。

這些選取器無法在單一樣式規則裡一併使用，所以以下的程式碼是無效的：

```
input::-webkit-input-placeholder,
input:-moz-placeholder,
input::-moz-placeholder,
input:-ms-input-placeholder {
  color: #fbb034;
}
```

它們必需配合一個單獨的樣式規則來宣告，如下所示：

```
input::-webkit-input-placeholder {
  color: #fbb034;
}
input:-moz-placeholder {
  color: #fbb034;
}
input::-moz-placeholder {
  color: #fbb034;
}
input:-ms-input-placeholder {
  color: #fbb034;
}
```

這顯然缺乏效率，我們多加了好幾行，只為了達成相同的輸出結果。但是目前並沒有其他選擇。有關佔位文字樣式的標準則還在討論中（可參閱CSSWG的討論：http://wiki.csswg.org/ideas/placeholder-styling以及http://wiki.csswg.org/spec/css4-ui#more-selectors）。

使用CSS函式庫

CSS函式庫（library）與CSS框架（framework）是需要被區別出來的。舉例來說，CSS框架，例如Blueprint（http://www.blueprintcss.org/），是設計作為一個新網站的基礎或起始點。它通常包含了許多函式庫來因應不同情況。另一方面，一個CSS函式庫則是用於特定需求。通常CSS函式庫也不一定要跟特定框架綁定在一起。`Animate.css`（http://daneden.github.io/animate.css/）與`Hover.css`（http://ianlunn.github.io/Hover/）便是顯著的例子。它們都是函式庫，也都可以跟任何框架一起使用。

這裡我們將會整合兩個CSS函式庫至部落格中，分別是`Normalize`（http://necolas.github.io/normalize.css/）與`Formalize`（http://formalize.me/）。這些CSS函式庫能夠在不同瀏覽器之間將基本元素標準化，並且將樣式錯誤的可能性降至最低。

使用 Koala

在瞭解了我們準備加入這項專案的所有事物之後，讓我們開始來設定工具，並將它們放在一起。我們已經在第 1 章裡 安裝了 Koala。Koala 是一款免費的開源開發工具，並擁有許多功能。在這項專案裡，我們將使用 Koala 來編譯樣式表與 JavaScript 至一個單一檔案，同時也會藉由程式碼壓縮來縮小檔案。

這個部落格將會加入五支樣式表。倘若我們將這些樣式表分別載入，部落格會需要完成五次 HTTP 請求（request），如以下擷圖所示：

Name Path	Met...	Status Text	Type	Initiator
normalize.css /2/blog/css	GET	200 OK	text...	index2.ht... Parser
formalize.css /2/blog/css	GET	200 OK	text...	index2.ht... Parser
responsive.gs.12col.css /2/blog/css	GET	200 OK	text...	index2.ht... Parser
style.css /2/blog	GET	200 OK	text...	index2.ht... Parser
responsive.css /2/blog/css	GET	200 OK	text...	index2.ht... Parser

5 / 6 requests I 24.2 KB / 25.9 KB transferred I 228 ms (load: 383 ms, DOMCont

在前面這張圖中，瀏覽器執行了五次HTTP請求，來載入所有的樣式表，大小總和是24.4 KB，並大約耗時228 ms。

合併這些樣式表為單一檔案並壓縮其中的程式碼，將會提昇頁面載入的效能。並且由於樣式表會顯著地縮小，所耗費的頻寬也會減少。

如下圖所示，瀏覽器只執行一次HTTP請求，樣式表縮小為13.5 KB，並且只花了111 ms進行載入。跟前面的例子相比，頁面的載入大約快了50%：

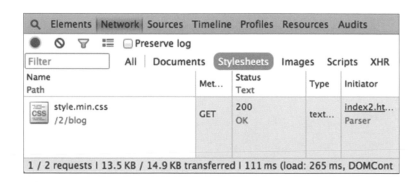

 提示

提昇網站效能的最佳實踐

除了合併樣式表與 JavaScript 外，可至 YSlow! performance rules（`https://developer.yahoo.com/performance/rules.html`）或 Google PageSpeed Insight rules（`https://developers.google.com/speed/docs/insights/rules`），進一步參閱能夠讓網站更快載入的作法。

是時候開始行動 —— 整合專案目錄至 Koala 並合併樣式表

在這個章節，我們將藉由以下步驟使用 Koala 編譯與輸出樣式表：

1. 在 css 資料夾裡建立一支名為 main.css 的樣式表。這是主要的樣式表，我們會在裡頭編寫我們自己的樣式規則。

2. 建立另一支名為 style.css 的樣式表。

3. 下載 normalize.css（`http://necolas.github.io/normalize.css/`），並將其放置在專案目錄的 css 資料夾裡。

4. 下載 formalize.css（http://formalize.me/），並且也將它放置在專案目錄的 css 資料夾裡。

5. 在 Sublime Text 裡開啟 style.css。

6. 使用 @import 規則依照以下的順序匯入樣式表：

```
@import url("css/normalize.css");
@import url("css/formalize.css");
@import url("css/responsive.gs.12col.css");
@import url("css/main.css");
@import url("css/responsive.css");
```

7. 開啟 Koala，然後拖曳專案目錄至 Koala 側邊欄。Koala 便會顯示並列出可識別的檔案，如下圖所示：

8. 選取 style.css，並勾選 **Auto Compile**。如此一來 Koala 若在任何時刻偵測到變化，便會自動編譯 style.css，如下圖所示：

9. 勾選 **Combine Import** 選項，讓 Koala 根據 `@import` 規則合併樣式表內的內容（`style.css` 所包含的內容），如下圖所示：

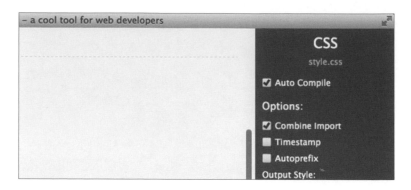

10. 設定 **Output Style:** 為 **compress**。如下圖所示：

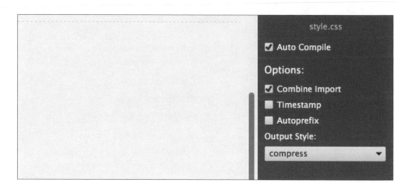

這會將樣式規則壓縮成單一檔案，最終能夠讓 `style.css` 檔更小一些。

11. 點擊 **Compile** 按鈕，如下圖所示：

這會編譯 `style.css` 並輸出一支名為 `style.min.css` 的檔案。

12. 開啟 index.html 並使用以下的程式碼來連結 style.min.css：

```
<link href="style.min.css" rel="stylesheet">
```

剛發生了什麼事？

我們剛剛在 Koala 內整合專案目錄。我們也建立了兩支新的樣式表，分別是 main.css 與 style.css。我們也在 style.css 內使用 @import 規則來加入包括 main.css 在內的五支樣式表，我們將這些樣式表合併成為一支新的樣式表跟 style.css 放在一起，名為 style.min.css，如下圖所示：

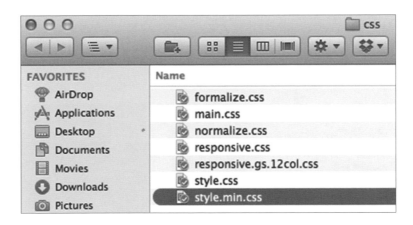

最後，我們在 index.html 裡連結了這支壓縮過的樣式表（style.min.css）。

是該一展身手了 —— 重新命名輸出的檔案

style.min.css 的名稱是由 Koala 預設的，它插入 min 這個後綴詞在每一支壓縮過的輸出檔，雖然它是壓縮網頁原始檔、樣式表以及 JavaScript 的最普遍命名慣例，但 Koala 仍可以讓你依照自己的喜好來命名輸出的檔案。想要這麼做的話，請點擊如下圖以圓圈標示的編輯圖示：

你可以嘗試以下幾種命名方式：

■ style-min.css（加上破折號）

■ styles.min.css（結尾加上 s）

■ blog.css（以網站名稱來命名）

如果你決定要將輸出檔案重新命名為 style.min.css 以外的名稱，請不要忘記在 `<link>` 元素中變更先前步驟中所指定的樣式表名稱。

小測驗 —— 提昇網站效能的作法

Q1 下列哪一項作法無法改善網站效能？

   1. 壓縮 CSS 與 JavaScript 等資源。

   2. 壓縮圖像檔。

   3. 利用瀏覽器快取（cache）。

   4. 利用 CSS 屬性簡寫（shorthand）。

   5. 使用 CDN 來提供網頁資源。

行動裝置優先

在我們繼續處理程式碼之前，讓我們先談一下有關於行動裝置優先（mobile-first）的概念，因為這會影響我們在撰寫部分部落格樣式時的決定。

行動裝置優先，是在網頁設計社群中很流行的用語。行動裝置優先是建構網站的新思維，並且指引了針對行動裝置進行最佳化的網站建構模式。如同在第 1 章裡所述，使用行動裝置的人口不斷增長，桌上型電腦已經不再是使用者存取網站的主要平台。

行動優先的概念驅使我們在建構網站時要考量行動裝置版本的重要性，這其中包括了樣式表的撰寫以及媒體查詢。除此之外，採用行動裝置優先的思維，就如同 Brad Frost 在它的文章（http://bradfrost.com/blog/post/7-habits-of-highly-effectivemedia-queries/)裡所示範的，所產出的程式碼比藉由其他思維（例如桌上型優先）都還要更加精實。因此我們會先處理並最佳化部落格的行動裝置版本，然後再加強桌上型的版本。

行動裝置優先的議題超出我們在本書所要討論的。以下是一些我所建議可以進一步深入這項主題的資源：

- Luke Wroblewski的《Mobile First》(http://www.abookapart.com/products/mobile-first)
- Brad Frost的《Mobile First Responsive Web Design》(http://bradfrost.com/blog/web/mobile-first-responsive-web-design/)
- Jeremy Girard的《Building a Better Responsive Website》(http://www.smashingmagazine.com/2013/03/05/building-a-better-responsive-website/)

編寫部落格樣式

在前面的章節，我們加入第三方的樣式來佈置部落格外觀的基底。而從這一節開始，我們準備要自己動手為部落格編寫樣式表。我們會從頁首開始進行到頁腳。

是時候開始行動 —— 編寫基礎樣式規則

在這一節，我們準備要撰寫部落格的基礎樣式。這些樣式規則包括了字型集（font family）、字型大小以及一些基本元素。

首先，我個人認為使用預設的系統字型、例如 Arial 與 Times 感覺很單調。

 注意

由於瀏覽器的支援度以及字型的授權限制，我們只能使用安裝在使用者的作業系統內的字型。因此，十多年來，我們能夠在網頁上使用的字型選擇非常少，許多網站都使用相同的字型，例如 Arial、Times、以及 Comic Sans。所以呢，沒錯，看久了都厭煩了。

現在，由於 @font-face 規格以及網頁字型使用授權的改善，我們已經能夠在網站上使用系統字型之外的字型了，並且也有許多可以免費嵌入在網頁中的字集，例如在 Google Font (http://www.google.com/fonts)、Open Font Library (http://openfontlibrary.org/)、Font Squirrel (http://www.fontsquirrel.com)、Fonts for Web (http://fontsforweb.com/)、以及 Adobe Edge Web Font (https://edgewebfonts.adobe.com/)裡都可以找到不少資源。

我真的鼓勵網頁設計師去探索更多的可能性，並且使用自訂字型來建構出更豐富的網站。

請執行以下步驟來編寫基礎樣式規則：

1. 為了讓我們的部落格更令人耳目一新，我們會使用幾個 Google Font 函式庫內的自訂字型。我們很容易就可以在網頁上使用 Google Font，因為 Google 已經負責了麻煩的語法，並且確保字型格式能夠相容於所有主流的瀏覽器。

注意

談到這裡，你可以參考 Paul Irish 的文章《Bulletproof @font-face syntax》(http://www.paulirish.com/2009/bulletproof-font-face-implementation-syntax/)，進一步編寫出可以應用於所有瀏覽器的 CSS3 @font-face 語法。

2. 此外，我們也不用對字型授權感到一頭霧水而不知所措，因為 Google Font 完全免費。我們所需要做的就是加入一支特別的樣式表，如同這個頁面的解釋：https://developers.google.com/fonts/docs/getting_started#Quick_Start。在我們的例子中，只需要在主樣式表的連結之前加入以下連結：

```
<link href='http://fonts.googleapis.com/css?family=Droid+Serif:400
,700,400italic,700italic|Varela+Round' rel='stylesheet'>
```

這樣做的話，我們將能夠使用 Droid Serif 字型集，以及 Varela Round，你可以至以下網頁來檢視它們的樣本及字元：

- Droid Serif (http://www.google.com/fonts/specimen/Droid+Serif)
- Varela Round (http://www.google.com/fonts/specimen/Varela+Round)

3. 設定所有元素的**box-sizing**為`border-box`。在`main.css`加入以下內容（以及接下來的
   步驟中的其他內容）：

```
* {
  -webkit-box-sizing: border-box;
  -moz-box-sizing: border-box;
  box-sizing: border-box;
  *behavior: url(/scripts/boxsizing.htc);
}
```

4. 我們準備要設定部落格主字型，這個字型會套用在部落格的所有內容。在這裡，我們會
   使用Google Font的Droid Serif字型，在以@ import匯入樣式表的清單之後，加入以下的
   樣式規則：

```
body {
  font-family: "Droid Serif", Georgia, serif;
  font-size: 16px;
}
```

5. 為了跟主體內容有所區分，我們準備為標題（h1、h2、h3、h4、h5與h6）套用不同的字
   型集。我們會套用第二個來自Google Font字集的自訂字集Varela Round。

6. 加入以下這行，將標題（heading）改為Varela Round字型：

```
h1, h2, h3, h4, h5, h6 {
    font-family: "Varela Round", Arial, sans-serif;
    font-weight: 400;
}
```

注意

瀏覽器預設標題的粗細為粗體（bold）或600，Varela Round則只有一般的字體粗細，相
當於400。所以，如前面這段程式碼所示，我們也設定`font-weight`為400來避免所謂的
仿粗體（faux-bold）。

有關仿粗體的進一步資訊，請參考A List Apart的《Say No to Faux Bold》(`http://
alistapart.com/article/say-no-to-faux-bold`)。

7. 在這項步驟，我們將會自訂預設的錨點（anchor）標籤或連結（link）樣式。我個人傾向於移
   除預設連結樣式的底線。

注意

即使是Google也移除了其搜尋結果的底線（http://www.theverge.com/2014/3/13/5503894/google-removes-underlined-links-site-redesign）

接著，我們也變更連結顏色為#3498db。它仍是藍色的，但是比預設連結樣式的藍色更淡一些，如下圖所示：

8. 加入以下幾行來變更預設的連結顏色：

```
a {
    color: #3498db;
    text-decoration: none;
}
```

9. 我們也將設定暫留（hover）狀態時連結的顏色。這個顏色會在當滑鼠游標位於連結上方時出現。這裡我們設定連結的暫留顏色為#2a84bf，這是我們在步驟8所用顏色的較深版本。可以參考以下擷圖：

10. 加入以下內容來設定暫留狀態時的連結顏色，如下所示：

```
a:hover {
    color: #2a84bf;
}
```

11. 以下面的樣式規則來設定流動（fluid）圖像：

```
img {
  max-width: 100%;
  height: auto;
}
```

這些樣式規則能夠避免圖像寬度比容器還要大時超出容器。

 注 意

關於流動圖像，可進一步參閱A List Apart的文章《Fluid Images》(http://alistapart. com/article/fluid-images)

剛發生了什麼事？

我們剛針對部落格的一些元素加入樣式規則，即標題、連結以及圖像。在這個階段，除了在內容及標題的字型，以及連結顏色的變更外，部落格還不會有顯著的差異。如下圖所示：

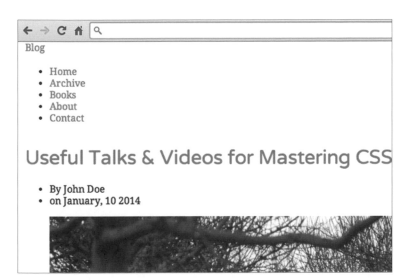

是該一展身手了 —— 自訂連結顏色

請注意這個連結顏色#2a84bf是我個人的選擇。挑選的顏色可以有多種考量，例如品牌、目標對象以及內容。連結並非一定得是#2a84bf。例如星巴克網站(http://www. starbucks.co.id/about-us/pressroom)的連結顏色便是綠色的，這主要是以品牌識別度作為參考。

所以，不要害怕嘗試新的顏色。以下則提供了一些顏色供參考：

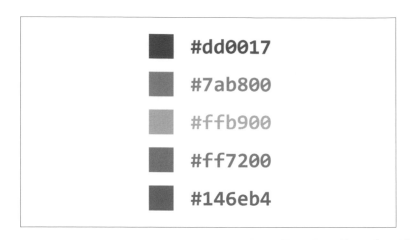

接下來，我們要編寫部落格頁首與導覽的樣式規則。這個樣式規則大部份會透過元素類別來套用。所以在繼續之前，請參考第3章，看一下我們在元素中所加入的類別名稱與ID。

是時候開始行動 —— 以CSS改良頁首與導覽外觀

步驟如下：

1. 開啟 main.css。

2. 在頁首以 padding 來加入一些空白，並且設定頁首顏色為 #333，如下所示：

```
.blog-header {
padding: 30px 15px;
background-color: #333;
}
```

3. 為了讓標誌顯著一點，我們會將它設定為 Varela Round 字型，跟我們在標題所使用的字型集相同。我們也讓它變得大一點，並將字元全部轉換為大寫，如下所示：

```
.blog-name {
  font-family: "Varela Round", Arial, sans-serif;
  font-weight: 400;
  font-size: 42px;
  text-align: center;
  text-transform: uppercase;
}
```

4. 標誌目前的連結顏色是 #2a84bf，這是我們最常用來設定 <a> 連結的顏色。但這個顏色
   跟我們的背景顏色不太搭調，所以我們將改為白色，如下所示：

```
.blog-name a {
    color: #fff;
}
```

5. 設定搜尋輸入樣式如下：

```
.search-form input {
    height: 36px;
    background-color: #ccc;
    color: #555;
    border: 0;
    padding: 0 10px;
    border-radius: 30px;
}
```

這些樣式規則是設定輸入顏色、邊框顏色以及背景顏色。最後會將輸入變成如下圖所示：

6. 如前面擷圖所示，佔位文字很難閱讀，因為顏色跟輸入欄位的背景顏色混合在一起了。
   所以，我們要讓文字顏色再深一點，如下所示：

```
.search-form input::-webkit-input-placeholder {
    color: #555;
}
.search-form input:-moz-placeholder {
    color: #555;
}
.search-form input::-moz-placeholder {
    color: #555;
}
.search-form input:-ms-input-placeholder {
    color: #555;
}
```

倘若你是使用 OS X 或 Ubuntu，那麼在指向搜尋欄時，你會見到在輸入欄外框有發光的顏
色，如下圖所示：

在 OS X 上，這個發光的顏色是藍色，而在 Ubuntu 上則是橘色。

7. 我想要移除這個發光特效。這個發光特效技術上是由 box-shadow 顯示。所以，要移除
這個特效，我們只要設定 box-shadow 為 none，如下所示：

```
.search-form input:focus {
 -webkit-box-shadow: none;
 -moz-box-shadow: none;
 box-shadow: none;
 }
```

值得注意的是，發光特效是使用者體驗（**User Experinece，UX**）設計的一部分，告訴使
用者他們目前是在輸入欄位內。這個 UX 設計對只能使用鍵盤瀏覽網站的使用者特別有
用。

8. 所以我們必須建立一個類似的 UX 來代替，這裡我們會在輸入背景以較亮的顏色取代我們
所移除的發光特效。以下為這項步驟的完整程式碼：

```
.search-form input:focus {
  -webkit-box-shadow: none;
  -moz-box-shadow: none;
  box-shadow: none;
  background-color: #bbb;
}
```

當焦點是在輸入欄位時，輸入欄位的背景顏色會變得較亮，如下圖所示：

9. 我們將撰寫導覽的樣式。首先，將選單對齊中心，以margin加入一些空白在導覽的上方及底部，程式碼如下所示：

```
.blog-menu {
margin: 30px 0;
text-align: center;
}
```

10. 移除 <ul> 左側的留白如下：

```
.blog-menu ul {
padding-left: 0;
}
```

11. 在選單與邊界之間加入一些空白，並移除清單前的標註符號（list bullet）如下：

```
.blog-menu li {
  margin: 15px;
    list-style-type: none;
}
```

12. 自訂選單顏色與字型如下：

```
.blog-menu a {
  color: #7f8c8d;
  font-size: 18px;
    text-transform: uppercase;
    font-family: "Varela Round", Arial, sans-serif;
}
.blog-menu a:hover {
    color: #3498db;
}
```

剛發生了什麼事？

我們佈置了頁首以及導覽的部分。為了符合我們在前面章節所討論過的思維、也就是行動裝置優先，我們將目標先放在行動裝置版本的最佳化。

啟動Chrome模擬器，你會見到部落格已經對較小的螢幕最佳化了，標誌與選單如下圖所示，都已經對齊中間而不是靠左對齊了。

是該一展身手了 —— 自訂頁首

部落格頁首是深色的，色碼為 #333。我非常瞭解這個顏色對有些人來說可能有些單調。因此，你可以自由自訂顏色、標誌的樣式以及搜尋輸入欄位，這裡提供幾個了想法：

■ 使用CSS3漸層（gradients）或圖像作為頁首背景。

■ 使用CSS的圖像替代方法來將標誌取代為圖像。

■ 減少搜尋輸入邊框的半徑，變更背景顏色並調整佔位文字顏色。

在處理好部落格標題以及導覽之後，我們將繼續處理部落格內容的區塊。這個內容區塊包括了部落格刊登項目以及部落格分頁。

是時候開始行動 —— 以CSS來加強內容區塊

執行以下步驟來讓部落格內容的樣式更加美觀：

1. 以 padding 與 margin 在區塊的四周加上空白，如下所示：

```
.blog-content {
    padding: 15px;
    margin-bottom: 30px;
}
```

2. 將每一篇刊文以空白及框線（borderline）隔開，如下所示：

```
.post {
  margin-bottom: 60px;
  padding-bottom: 60px;
  border-bottom: 1px solid #ddd;
 }
```

3. 藉由以下的樣式規則將標題置中對齊、調整標題字型大小以及變更顏色：

```
.post-title {
  font-size: 36px;
  text-align: center;
  margin-top: 0;
}
.post-title a {
  color: #333;
}
.post-title a:hover {
  color: #3498db;
}
```

4. 在標題下面，我們有post-meta，其中包含了作者姓名與刊登日期。與標題相似，我們
   也調整了字型大小與空白並變更字型顏色如下：

```
.post-meta {
  font-size: 18px;
  margin: 20px 0 0;
  text-align: center;
  color: #999;
}
.post-meta ul {
  list-style-type: none;
  padding-left: 0;
}
.post-meta li {
  margin-bottom: 10px;
}
```

5. 如下圖所示的刊登縮圖（thumbnail），看起來被擠壓過，因為各邊都有邊界限制：

6. 我們移除這些邊界，如下所示：

```
.post-thumbnail {
  margin: 0;
}
```

有些圖片如下圖所示，會有圖片說明（caption）：

7. 我們來將它改造一下，讓它相較於其他內容有些獨特性，並且讓它看起來就像是個圖片說明，請加入以下程式碼來修飾：

```
.post-thumbnail figcaption {
  color: #bdc3c7;
  margin-top: 15px;
  font-size: 16px;
  font-style: italic;
}
```

8. 調整刊文節錄的字型大小、顏色與行高，如下所示：

```
.post-excerpt {
  color: #555;
  font-size: 18px;
  line-height: 30px;
}
```

9. 從這項步驟開始，我們會撰寫部落格分頁的樣式。首先，我們針對字型大小、字型集、
   空白、位置以及對齊做一些調整。如以下程式碼所示：

```
.blog-pagination {
  text-align: center;
  font-size: 16px;
  position: relative;
  margin: 60px 0;
}
.blog-pagination ul {
  padding-left: 0;
}
.blog-pagination li,
.blog-pagination a {
  display: block;
  width: 100%;
}
.blog-pagination li {
  font-family: "Varela Round", Arial, sans-serif;
  color: #bdc3c7;
  text-transform: uppercase;
  margin-bottom: 10px;
}
```

10. 將分頁連結的外框修飾成圓角，如下所示：

```
.blog-pagination a {
  -webkit-border-radius: 30px;
  -moz-border-radius: 30px;
  border-radius: 30px;
  color: #7f8c8d;
```

```
  padding: 15px 30px;
  border: 1px solid #bdc3c7;
}
```

11. 指定當滑鼠暫留在連結上面時的連結樣式，如下所示：

```
.blog-pagination a:hover {
  color: #fff;
  background-color: #7f8c8d;
  border: 1px solid #7f8c8d;
}
```

12. 最後，將頁碼指示器以下面的樣式規則放置在分頁連結之上：

```
.blog-pagination .pageof {
  position: absolute;
  top: -30px;
}
```

剛發生了什麼事？

我們修改了部落格內容區塊的樣式 —— 其中包含了頁面導覽（分頁），現在內容區塊的
樣貌如下圖所示：

是該一展身手了 —— 改善內容區塊

我們套用在內容部份的樣式大多數只是裝飾性的。並不是非要這麼做不可,你仍然可以依照個人品味來改善樣式。

你可以進行以下修改:

■ 自訂刊文的標題字型及顏色。

■ 變更刊登圖片的外框顏色或改成圓角。

■ 變更分頁外框的顏色或者讓背景色彩更豐富。

接下來,我們將修飾頁腳的樣式,這是部落格最後的區塊。

是時候開始行動 —— 以 CSS 加強頁腳區塊

執行以下步驟來加強頁腳樣式:

1. 調整頁腳字型、顏色以及邊界,如下所示:

```
.blog-footer {
  background-color: #ecf0f1;
  padding: 60px 0;
  font-family: "Varela Round", Arial, sans-serif;
  margin-top: 60px;
}
.blog-footer,
.blog-footer a {
  color: #7f8c8d;
}
```

2. 頁腳會包含社群媒體連結。讓我們來調整邊界、留白、對齊、顏色以及空白的樣式,如下所示:

```
.social-media {
  margin: 0 0 30px;
}
.social-media ul {
  margin: 0;
  padding-left: 0;
}
.social-media li {
  margin: 0 8px 10px;
  list-style: none;
```

```
}
.social-media li,
.social-media a {
  font-size: 18px;
}
.social-media a:hover {
  color: #333;
}
```

3. 設定 margin-top 在版權（copyright）容器之外。

```
.copyright {
  margin-top: 0;
}
```

4. 將頁腳內容對齊中心，如下所示：

```
.social-media,
.copyright {
  text-align: center;
}
```

剛發生了什麼事？

我們剛剛修飾了頁腳區塊，下圖則顯示了頁腳的最終樣式：

為桌上型版本進行最佳化

這個部落格目前已經為行動裝置版本或者較窄的檢視區做了最佳化，倘若你透過較大的檢視區尺寸來檢視，你會發現有些元素已經移位了，或者沒有正確對齊。舉例來說，如下圖所示，部落格標誌與導覽目前是對齊中心。

依照我們在第3章裡的藍圖所示，標誌應該對齊左邊才是，而每一個選單連結都應該在同一列。在接下來的步驟，我們會透過媒體查詢，來對部落格的桌上型版本進行最佳化。

是時候開始行動 —— 為桌上型版本編寫樣式

請執行以下步驟來為版本編寫樣式規則：

1. 在 Sublime Text 開啟 `responsive.css`。

2. 加入以下的媒體查詢：

```
@media screen and (min-width: 640px) {
    // 在這裡加入樣式規則
}
```

我們將在媒體查詢內加入所有需要的樣式規則。這個媒體查詢規格會在檢視區寬度為640px 或以上時開始套用這些樣式規則。

103

1. 將部落格標誌對齊左側，如下所示：

```
.blog-name {
 text-align: left;
 margin-bottom: 0;
}
```

2. 將導覽選單（blog-menu）、刊登元標籤（post-meta）、以及社群媒體（social-media）的清單項目顯示在同一列上，如下所示：

```
.blog-menu li,
.post-meta li,
.social-media li {
      display: inline;
}
```

3. 加大刊文標題的尺寸：

```
.post-title {
  font-size: 48px;
}
```

4. 並且將部落格分頁連結放在同一列，如下所示：

```
.blog-pagination li,
.blog-pagination a {
 display: inline;
}
```

5. 將分頁頁面指示器（pagination page indicator）放在它一開始的位置，也就是跟部落格分頁連結同一列，如下所示：

```
.blog-pagination .pageof {
  position: relative;
  top: 0;
  padding: 0 20px;
}
```

6. 將頁腳的社群媒體連結對齊左側，而版權（copyright）聲明則靠右對齊，如下所示：

```
.social-media {
  text-align: left;
}
.copyright {
  text-align: right;
}
```

剛發生了什麼事？

我們剛加入了樣式規則來解決部落格在桌上型版本上檢視的問題。倘若你在檢視區寬度大於640px的螢幕上檢視部落格，你應該會發現部落格內的元素，例如標誌以及導覽選單，都已經在它們的正常位置上了，如以下擷圖所示：

使用 polyfill 來讓 IE 順利運作

雖然使用了CSS3與HTML5的豐富功能，但是在舊IE上卻是英雄無用武之地，如下圖所示：

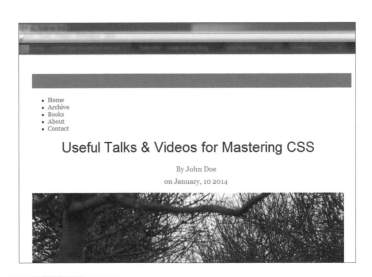

倘若你可以接受這樣的結果，那麼可以跳過這一章節，馬上進到下一項專案。不過，如果你喜歡追求刺激，那我們則可以繼續來修復這些 bug。

是時候開始行動 —— 以 polyfill 來修補 IE

以下是藉由 polyfill 來修補 IE 的步驟：

1. 我們在 scripts 資料夾中有好幾支 polyfill，分別是 html5shiv.js、respond.js 以及 placeholder.js。讓我們來將這幾支腳本（script）合併成單一檔案吧。

2. 首先，建立一支名為 polyfills.js 的 JavaScript 檔，存放這些 polyfill 腳本。

3. 在 Sublime Text 開啟 polyfills.js。

4. 加入以下幾行來匯入 polyfill 腳本：

```
// @koala-prepend "html5shiv.js"
// @koala-prepend "respond.js"
// @koala-prepend "placeholder.js"
```

注 意

@koala-prepend 是 Koala 專用的指令，用來匯入 JavaScript 檔。更多的資訊可以參閱以下的 Koala 文件：https://github.com/oklai/koala/wiki/JS-CSS-minify-and-combine。

5. 在 Koala 中，選取 polyfills.js，並點擊 **Compile** 按鈕，如以下擷圖所示：

透過這項步驟，Koala 會產生一支名為 polyfills.min.js 的壓縮過檔案。

6. 開啟 index.html，在 </head> 前連結 polyfills.js，如下所示：

```
<!--[if lt IE 9]>
<script type="text/javascript" src="scripts/polyfills.min.js"></
script>
<![endif]-->
```

 注意

由於這支Script只有IE 8或以下的版本需要，因此我們以IE條件式註解（Conditional Comment）也就是<!--[if lt IE 9]>來封裝它們，如前面的程式碼所示。

關於IE條件式註解的更多資訊請參閱QuirksMode的文章（http://www.quirksmode. org/css/condcom.html）。

剛發生了什麼事？

我們剛在部落格裡使用polyfill來修補IE在HTML5以及媒體查詢上的顯示問題。這些 polyfill可以立即見效，現在請在IE上重新整理原本的頁面，你看，是不是像下圖一樣改 變了：

套用這些樣式規則後，佈局和佔位文字都就定位了。

是該一展身手了 —— 進一步改善部落格在 IE 中的呈現

我們準備結束這項專案，然而你可以從前面這張擷圖中見到，還有許多地方需要解決，讓部落格的外觀在舊版 IE 上的表現能夠跟新版的瀏覽器一樣，舉例來說：

■ 參考前面這張圖，佔位文字目前是對齊上面。你可以讓它對齊中心。

■ 你也可以採用一支名為 CSS3Pie 的 polyfill (http://css3pie.com)，這支 polyfill 可以讓舊版的 IE 也能如新版的瀏覽器一樣，搜尋輸入欄位的外框可以變為圓角。

總結

我們完成了第一項專案，我們使用 Responsive.gs 建立了一個簡單的自適應部落格。這個部落格最終的結果，或許對你來說一點也不吸引人。要達到非常美觀則還有段距離，特別是在舊 IE 上。如同之前所提，還有許多問題需要去解決。不過，我期望你能夠從這裡面的過程、技巧以及程式碼中學到一些有用的事物。

總結一下，我們在本章完成了這幾項工作：以 CSS3 改造部落格、使用 Koala 來合併並壓縮樣式表和 JavaScript 檔，以及使用 polyfill 來修補 IE 對於 HTML5 與 CSS3 語法的支援問題。

在下一章，我們將會開始第二項專案。我們準備探索其他的框架來建構一個更加廣泛且仍然自適應的網站。

第 5 章

使用 Bootstrap 開發一個作品集網站

Bootstrap（http://getbootstrap.com）是最健壯的前端開發框架之一。它內建了許多令人激賞的功能，例如自適應網格、使用者介面元件以及 JavaScript 函式庫，讓我們能夠快速打造並運行一個自適應網站。

Bootstrap 非常受歡迎，網頁開發社群積極以多樣化的形式來開發擴充套件並加入各式功能。倘若 Bootstrap 內建的標準功能不夠用，還有許多的擴充套件能夠應付你的特殊需求。

本章，我們將開始第二項專案。我們將採用 Bootstrap 來建立一個自適應的作品集網站。因此，本章對於文創領域，諸如攝影、美工設計，以及繪圖的創作者會很有用。

我們會採用一款 Bootstrap 擴充套件，來為作品集網站提供外側導覽（off canvas navigation）。除了 Bootstrap，我們也將利用 LESS 作為網站樣式表的基礎。

讓我們繼續前進吧。

我們在本章會涵蓋以下主題：

■ 探索 Bootstrap 元件。

■ 進一步瞭解 Bootstrap 擴充套件，實作一個外側導覽選單。

■ 檢視作品集網站的藍圖與設計。

■ 使用 Bower 與 Koala 來設定並組織專案的目錄與資源。

■ 建構作品集網站的 HTML 結構。

Bootstrap 的元件

不同於我們在第一項專案所使用的 Responsive.gs 框架，Bootstrap 還包含了其他許多常用的網頁元件。因此，在我們進一步開發作品集網站前，請先就我們所需要的元件做些瞭解，例如自適應網格、按鈕以及表單元素（form element）等。

 注意

事實上 Bootstrap 的官方網站（`http://getbootstrap.com`），一直都是最佳的資訊來源，因此我只會在這裡點出容易理解的關鍵內容。

Bootstrap 的自適應網格

Bootstrap 內建一個自適應網格系統（Responsive Grid System），以及構成欄與列的類別。在 Bootstrap，我們使用這些前綴類別（prefix class）：`col-xs-`、`col-sm-`、`col-md-` 以及 `col-lg-`，後面則接著欄的數值，範圍從 1 至 12，來定義欄的尺寸以及讓欄適用於特定的檢視區尺寸。以下表格是關於前綴的更多細節：

前綴	說明
`col-xs-`	用於最小（extra small）檢視區尺寸的欄，相當於或小於 768px。
`col-sm-`	用於小型（small）檢視區尺寸的欄，相當於或大於 768px。
`col-md-`	用於中型（medium）檢視區尺寸的欄，相當於或大於 992px。
`col-lg-`	用於大型（large）檢視區尺寸的欄，相當於或大於 1200px。

在以下的例子，我們設定一列有三欄，每一欄則指定為 `col-sm-4` 類別：

```
<div class="row">
  <div class="col-sm-4"></div>
  <div class="col-sm-4"></div>
```

```
  <div class="col-sm-4"></div>
</div>
```

因此，每一欄將會有相同的尺寸，而它們會縮減至 Bootstrap 所定義的小型檢視區尺寸
（≥ 768px）。以下的擷圖則是先前的標記內容顯示在瀏覽器上的情形（透過幾個樣式的加
入）：

來看檢視區尺寸小於 768px 的例子，所有的欄將會開始堆疊，第一欄會在最上層，而第
三欄則會跑到最下層，如下圖所示：

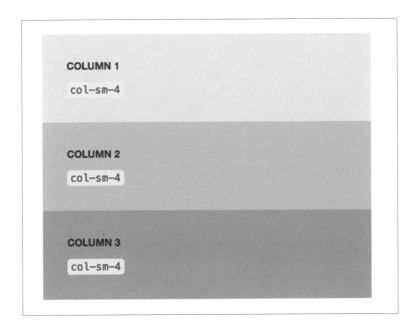

此外，我們可以加入多個類別來指定欄在多種檢視區尺寸內的比例，如下所示：

```
<div class="row">
  <div class="col-sm-6 col-md-2 col-lg-4"></div>
  <div class="col-sm-3 col-md-4 col-lg-4"></div>
  <div class="col-sm-3 col-md-6 col-lg-4"></div>
</div>
```

以前面為例，這些欄在Bootstrap所定義的大型檢視區尺寸（≥ 1200px）內，會有相同的大小，如下圖所示：

然而當我們在中型檢視區尺寸檢視這個網站時，這些欄的比例會開始依照每一欄所指定的類別來開始偏移。第一欄寬度開始變小，第二欄則會保持相同比例，而第三欄會變得更大，如下圖所示：

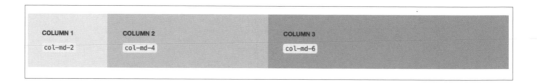

當檢視區尺寸再從中型縮減至小型時，也就是大約991px，這些欄便會再次變化，如下圖所示：

注意

如果需要對Bootstrap網格做進一步的瞭解，請參閱Bootstrap官方網站的Grid System部份（http://getbootstrap.com/css/#grid）。

Bootstrap的按鈕與表單

我們將會加入到網站上的其他元件是按鈕與表單，我們將建立一個線上聯絡功能，作為與使用者之間的聯繫管道。Bootstrap的按鈕建構是以btn類別後面加上btn-default來套用Bootstrap預設樣式，如下所示：

```
<button type="button" class="btn btn-default">Submit</button>
<a class="btn btn-default">Send</a>
```

將btn-default類別以btn-primary、btn-success、 或btn-info取代，便可以指定
按鈕顏色，如下所示：

```
<button type="button" class="btn btn-info">Submit</button>
<a class="btn btn-success">Send</a>
```

程式碼中的按鈕大小是以下列的這些類別來定義：btn-lg是大型按鈕、btn-sm是小型
按鈕、至於btn-xs則是更小的按鈕，如以下所示：

```
<button type="button" class="btn btn-info btn-lg">Submit</button>
<a class="btn btn-success btn-sm">Send</a>
```

下圖表示出在加上前面的類別後，按鈕的大小是如何改變的：

Bootstrap有提供幾種顯示按鈕的方式，例如將一系列的按鈕排在一起，或是在按鈕上
加上一個下拉式切換（dropdown toggle）。關於建構這些按鈕類型的進一部細節，請參閱
Bootstrap官方網站的Button groups（http://getbootstrap.com/components/#btn-
groups）以及Button dropdowns（http://getbootstrap.com/components/#btn-
dropdowns）的部份。

Bootstrap按鈕群組與下拉切換

Bootstrap也提供了許多可重複使用的類別來設計例如<input>與<textarea>這類的表單元素。Bootstrap使用 form-control 類別來設計表單元素，所提供的樣式偏淡雅風格，如下圖所示：

Name
Email

更多關於Bootstrap表單元素的樣式及佈置，請參閱Bootstrap官方網站的Forms部份（http://getbootstrap.com/css/#forms）。

Bootstrap Jumbotron

Bootstrap對Jumbotron的描述如下：

「一個輕量級、具彈性的元件，可以選擇性延伸整個檢視區來展示網站的關鍵內容」（http://getbootstrap.com/components/#jumbotron）

Jumbotron是一個在網站上顯示諸如廣告文案、注目標語或是優惠資訊等重要訊息的特殊區塊，並且還附帶一個按鈕。Jumbotron一般會置於網頁上第一眼便能看到的區塊以及導覽列的下方。要在Bootstrap建構一個Jumbotron區塊，請套用 jumbotron 類別如下：

```html
<div class="jumbotron">
  <h1>Hi, This is Jumbotron</h1>
<p>Place the marketing copy, catchphrases, or special offerings.</p>
  <p><a class="btn btn-primary btn-lg" role="button">Got it!</a></p>
</div>
```

以下為Bootstrap預設樣式下的Jumbotron樣貌：

這是預設樣式下的Jumbotron外觀

注　意

更多關於Bootstrap Jumbotron的細節，請參閱Bootstrap的Components頁面（`http://getbootstrap.com/components/#jumbotron`）。

Bootstrap的第三方擴充套件

要直接滿足每個人的需求是不太可能的，Bootstrap也是如此。因此才有許多各形各色的擴充套件被建立出來，為Bootstrap增加CSS、JavaScript、圖示（icon）、模板（template）以及佈景（theme）等等。你可以在以下頁面找到完整清單：`http://bootsnipp.com/resources`。

在這項專案，我們將加入一款由Arnold Daniels所開發、名為Jasny Bootstrap（`http://jasny.github.io/bootstrap/`）的擴充套件。我們主要會使用它來加入外側導覽（off-canvas navigation）。外側導覽是在自適應設計中很受歡迎的模式，導覽選單一開始並不在網站可視範圍內，然後在按下或點擊圖示後便會滑動進來，如下圖所示：

當使用者點擊三條槓的圖示時外側區塊便會滑動進來

Jasny Bootstrap 外側區塊

Jasny Bootstrap是一款為Bootstrap加上額外區塊的擴充套件。Jasny Bootstrap是設計與Bootstrap搭配，它幾乎依循了Bootstrap的所有常規，包括HTML標記、類別名稱、JavaScript函式及API等。

如前所述，我們會使用這款擴充套件為作品集網站加入外側導覽。以下是藉由Jasny Bootstrap建構外側導覽的範例程式碼：

```
<nav id="offcanvas-nav" class="navmenu navmenu-default navmenu-fixed-left
offcanvas" role="navigation">
  <ul class="nav navmenu-nav">
    <li class="active"><a href="#">Home</a></li>
    <li><a href="#">Link</a></li>
    <li><a href="#">Link</a></li>
  </ul>
</nav>

<div class="navbar navbar-default navbar-fixed-top">
<button type="button" class="navbar-toggle" data-toggle="offcanvas"
data-target="#offcanvas-nav" data-target="body">
    <span class="icon-bar"></span>
    <span class="icon-bar"></span>
    <span class="icon-bar"></span>
  </button>
</div>
```

你可以從前面這段程式碼看到，建構外側導覽需要加入許多HTML元素、類別以及屬性。一開始我們需要兩個元素<nav>與<div>，分別包含了選單以及用來切換選單開關的按鈕。<nav>元素具有一個ID作為獨特的參照，藉此讓<button>中的data-target屬性來指向它。

這些元素還加入了一些方便的類別與屬性，用來指定顏色、背景、位置以及功能：

■ navmenu：Jasny Bootstrap有一個新的導覽類型，稱為navmenu。這個navmenu類別會以垂直方式來呈現導覽選單，並置於網站內容的左側或右側，而不是在頂部。

■ navmenu-default：這個類別會以預設樣式來設定navmenu類別，並且是以淡灰色為主。倘若你喜歡深色，則使用navmenu-inverse類別來代替。請參考以下擷圖：

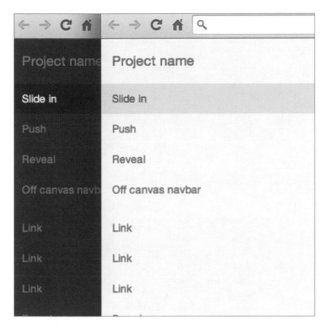

兩種外側導覽的預設顏色

- `navmenu-fixed-left`類別會設定導覽選單於左側。使用`navmenu-fixed-right`則設為右側。

- `offcanvas`類別則是設定導覽選單於外側。

- `<button>`中的`data-target="#offcanvas-nav"`是選取器，根據指定ID指向特定的導覽選單。

- `data-toggle="offcanvas"`則是將按鈕設為外側導覽的開關。除此之外，Bootstrap本身就包含了幾種`data-toggle`型態，來搭配不同的小工具，例如對話窗（`data-toggle="modal"`）、下拉（`data-toggle="dropdown"`）以及分頁（`data-toggle="tab"`）。

- `data-target="body"`讓網站主體（body）在開關切換時，會跟著外側導覽同時滑動，Jasny Bootstrap稱之為推進（push）選單，你可以至這個頁面（`http://jasny.github.io/bootstrap/examples/navmenu-push/`）來檢視它的動作。

注意

Jasny Bootstrap還提供另外兩種外側導覽型態，分別是滑入（slide-in）以及揭示（reveal）。請至下網址來檢視其動作：

```
http://jasny.github.io/bootstrap/examples/navmenu/
http://jasny.github.io/bootstrap/examples/navmenu-reveal/
```

深入 Bootstrap

探索 Bootstrap 的所有元件會超出本書的範圍。因此我們只討論在這項專案裡所會用到的部份。除了 Bootstrap 官方網站（`http://getbootstrap.com`）以外，以下是幾個可以讓你深入瞭解 Bootstrap 的參考資源：

- Coder's Guide 的《Bootstrap tutorials for beginners》（`https://www.youtube.com/watch?v=YXVoqJEwqoQ`），這是一部可以協助初學者入門並開始使用 Bootstrap 的教學影片。

- 《Twitter Bootstrap Web Development How-To》（David Cochran，Packt Publishing）（`https://www.packtpub.com/web-development/twitter-bootstrap-web-development-how-instant`）。

- 《Mobile First Bootstrap》（Alexandre Magno，Packt Publishing）（`https://www.packtpub.com/web-development/mobile-first-bootstrap`）

使用字型圖示

Retina 或高畫質（HD）的顯示器能夠讓螢幕上的所有事物看起來都更清晰明亮。然而在 HD 顯示出現之前所使用的傳統圖像或網頁圖示現在則會產生問題。這些圖像一般都是點陣圖或點陣影像，而它們在這類的螢幕上會變得模糊，如下圖所示：

在 Retina 顯示器上，圖示邊緣會變得模糊

我們不希望自己的網站也發生這樣的狀況，因此我們會使用字型圖示（font icon），如此一來即使是在高畫質螢幕上也能夠有所調整並保持清晰。

其實 Bootstrap 內建了一組名為 Glyphicon 的字型圖示。可惜的是，它沒有包含我們所需要的社群媒體圖示。在找了一些字型圖示網站後，我最後選擇了 Ionicons（`http://ionicons.com`）。在這裡我們將會使用 Lance Hudson 所開發的、包含 LESS 的替代版本（`https://github.com/lancehudson/ionicons-less`），我們會藉由使用 LESS 跟 Bootstrap 無縫整合。

檢視作品集網站的佈局

在我們開始建構網站前，讓我們先看一下網站線框圖。線框圖是網站在行動裝置以及桌上型版本上應如何佈局的圖像指引。

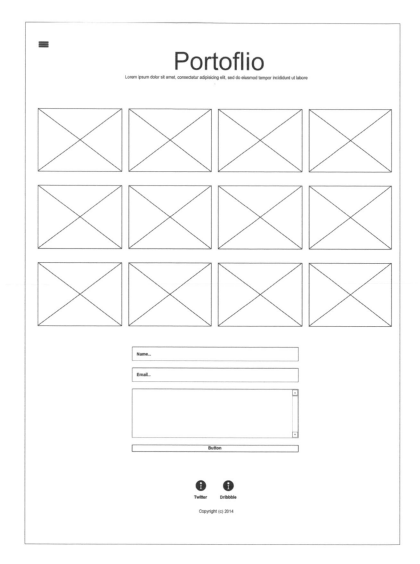

前面這個擷圖顯示出桌上型版本的網站佈局，或者技術上來說便是寬檢視區尺寸。

網站左上角有一個俗稱為漢堡圖示（hamburger icon）的按鈕，是用來滑入外側選單。接著是網站的首行，可以放置網站名稱和標語。後面接著則是包含作品圖像的區塊，而最終的區塊則會包括一個線上表單以及社群媒體圖示。

行動裝置版本看起來則更簡潔，不過還是維持與桌上型版本相同的邏輯結構，如下圖所示：

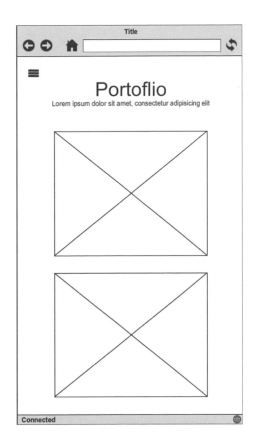

專案目錄、素材資源與依賴件

在專案的一開始,讓我們先組織專案的目錄和素材資源(包含依賴件、圖像以及圖示)。

 注意

什麼是依賴件(dependency)?這裡所指的依賴件是執行專案以及建立網站所需的檔案或套件,例如CSS與JavaScript函式庫。

在這項專案,我們會在專案中使用Bower(http://bower.io),利用它來組織專案的依賴件。我們曾在第1章裡對Bower做過簡短的介紹,這是一款前端套件管理器,簡化了前端開發函式庫(例如jQuery、Normalize以及HTML5Shiv等等)的安裝、移除與更新方式。

121

是時候開始行動 —— 組織專案目錄、素材資源以及使用 Bower 來安裝專案依賴件

在這個章節，我們準備加入專案的依賴件，其中包含了 Bootstrap、Jasny Bootstrap、Ionicons 以及 HTML5Shiv。我們會使用 Bower 來安裝，這樣日後便能夠使用 Bower 進行移除及更新等維護動作。

由於這可能是你第一次使用 Bower，所以我將會以較詳細的步驟來逐步帶領你。請執行以下步驟：

1. 在 htdocs 資料夾內，建立一個名為 portfolio 的資料夾。這是我們會將所有檔案及子資料夾放置其中的專案目錄。

2. 在 portfolio 資料夾裡，建立一個名為 assets 的資料夾。我們會將專案所需的素材資源，例如圖片、JavaScript 以及樣式表，放進這個資料夾中。

3. 在 assets 資料夾中，再建立以下的資料夾：

   - img—— 存放網站圖像與圖像格式的圖示。

   - js—— 存放 JavaScript 檔。

   - fonts—— 存放字型格式的圖示。

   - less—— 存放 LESS 樣式表。

   - css—— 作為 LESS 的輸出資料夾。

4. 建立 index.html 作為網站首頁。

5. 在 img 資料夾加入網站圖片，其中包括了作品集圖像以及行動裝置專用的圖示，如以下擷圖所示：

▼ 📁 img	May
🖼 6layers.jpg	May
🅿 apple-icon.png	May
🖼 blur.jpg	May
🖼 brain.jpg	May
🖼 color.jpg	May
🖼 compass.jpg	May
🖼 contour.jpg	May
🅿 favicon.png	May
🖼 flame.jpg	May
🖼 hotcold.jpg	May
🖼 infinity.jpg	May
🖼 lifeguard.jpg	May
🖼 meteor.jpg	May
🖼 thewave.jpg	May

> **注意**
>
> 這個網站有大約14張圖像，包括了針對行動裝置的圖示。在此感謝我的朋友Yoga
> Perdana（https://dribbble.com/yoga），允許我在本書使用他的作品，你可以在本書
> 的附加檔案中找到這些圖像檔。不過，你也可以自行更換圖像。

6. 我們將會透過Bower安裝網站運作所需的依賴件（套件、函式庫、JavaScript或CSS）。
   但是在執行Bower來安裝這些依賴件之前，我們會先使用 `bower init` 指令，在 `bower.json` 中定義專案名稱、版本以及作者等等這些專案規格，進而設定這項專案為Bower專案。

7. 一開始先開啟終端機，倘若你使用Windows的話則使用命令提示字元。然後使用 `cd` 指令來切換至專案目錄，如下所示：

   ■ Windows：`cd \xampp\htdocs\portfolio`

   ■ OS X：`cd /Applications/XAMPP/htdocs/portfolio`

   ■ Ubuntu：`cd /opt/lampp/htdocs/portfolio`

8. 輸入 `bower init`，如下圖所示：

注意

bower init指令會將專案初始化為Bower專案。這個指令會要求輸入幾項與專案有關的
資訊，例如專案名稱、專案版本以及作者等等。

9. 首先，讓我們設定專案的名稱，以這項範例為例，我會將專案名稱取為responsive-
portfolio。輸入名稱然後按下Enter鍵繼續，如下所示：

10. 設定專案的版本，由於這是一項新專案，我們便設定為1.0.0，如下圖所示：

11. 按下Enter繼續。

12. 設定專案的描述。這是選擇性的，倘若你認為你的專案不需要，那麼這邊可以留空。這
裡，我將描述寫為「a responsive portfolio website built with Bootstrap」，
如下圖所示：

13. 設定專案的主要檔，這部分一定會跟著專案變化。在這裡，讓我們設定主要檔案為
index.html，也就是這個網站的首頁，如下圖所示：

```
● ○ ○              bower init — bower — node — 80×24
→  portfolio  bower init
?  name: responsive-portfolio
?  version: 1.0.0
?  description: a responsive portfolio website buildt with Bootstrap
?  main file: index.html
```

14. 接著會提示一個問題「這個套件的模組類型為何？」（what types of modules does this package expose?），這裡要設定套件的用途。我們選擇 `globals` 選項，如下圖所示：

15. 按下空白鍵來選取它，然後按下 Enter 繼續。

這個問題提示是關於專案的用途。我們的專案並不附屬於特定的技術或模組，這只是一個利用 HTML、CSS 以及幾行 JavaScript 的一般靜態網站，我們並沒有要建構 Node、YUI 或 AMD 模組。因此最佳的選項是 `globals`。

16. 在 **keywords** 問題提示輸入與專案相關的關鍵字，如下圖所示，我在這裡輸入「`portfolio, responsive, bootstrap`」。然後按下 Enter 繼續：

keywords 問題提示是選擇性的。你可以在欄位上留下空白，並按下 Enter 鍵來略過。

17. **authors** 問題提示是設定專案的作者，這個提示預設為你在作業系統中的使用者名稱以及電子郵件地址，不過，你也可以使用新的名稱來覆寫它並按下 Enter 繼續，如下圖所示：

 提示

倘若專案有多位作者，你可以使用逗號來分隔他們，如下所示：

authors: John Doe, Jane Doe.

18. 設定專案許可證（license），這裡我們設定為MIT許可證。MIT 許可證容許這些程式碼可以讓每一個人任意使用，包括修改、轉授許可、以及商業使用等等。請見以下擷圖：

```
● ○ ○                bower init — bower — node — 80×24
→   portfolio   bower init
?  name: responsive-portfolio
?  version: 1.0.0
?  description: a responsive portfolio website buildt with Bootstrap
?  main file: index.html
?  what types of modules does this package expose?: globals
?  keywords: portfolio, responsive, bootstrap
?  authors: Thoriq Firdaus <tfirdaus@creatiface.com>
?  license: (MIT) MIT
```

 注意

請參考 Choose A License（http://choosealicense.com/）來尋找其他種類的授權許可。

設定專案的首頁，這可以是你自己的網站存放位址。以這個例子，我會設定為我個人的網域（creatiface.com），如以下擷圖所示：

```
● ○ ○              bower init — bower — node — 80×24
→  portfolio  bower init
?  name: responsive-portfolio
?  version: 1.0.0
?  description: a responsive portfolio website buildt with Bootstrap
?  main file: index.html
?  what types of modules does this package expose?: globals
?  keywords: portfolio, responsive, bootstrap
?  authors: Thoriq Firdaus <tfirdaus@creatiface.com>
?  license: MIT
?  homepage: creatiface.com█
```

20. **將已安裝的元件設定為依賴件？**（set currently installed components as
    dependencies?）這裡輸入 n（no），因為我們還沒有安裝任何依賴件或套件，如以下擷圖
    所示：

```
● ○ ○              bower init — bower — node — 80×24
→  portfolio  bower init
?  name: responsive-portfolio
?  version: 1.0.0
?  description: a responsive portfolio website buildt with Bootstrap
?  main file: index.html
?  what types of modules does this package expose?: globals
?  keywords: portfolio, responsive, bootstrap
?  authors: Thoriq Firdaus <tfirdaus@creatiface.com>
?  license: MIT
?  homepage: creatiface.com
?  set currently installed components as dependencies?: (Y/n) n█
```

21. **加入普遍會被忽略的檔案類別至忽略清單？**（**Add commonly ignored files to ignore
    list?**）這項指令會建立一支 .gitignore 檔，內有特定檔案類別的清單，這些檔案類別將
    會被 Git 庫（repository）忽視。輸入 Y（yes），如下圖所示：

```
● ○ ○              bower init — bower — node — 80×24
→  portfolio  bower init
?  name: responsive-portfolio
?  version: 1.0.0
?  description: a responsive portfolio website built with Bootstrap
?  main file: index.html
?  what types of modules does this package expose?: globals
?  keywords: portfolio, responsive, bootstrap
?  authors: Thoriq Firdaus <tfirdaus@creatiface.com>
?  license: MIT
?  homepage: creatiface.com
?  set currently installed components as dependencies?: No
?  add commonly ignored files to ignore list?: (Y/n) Y█
```

127

注意

我將會使用Git來管理程式碼版本並且上傳至Git庫，例如Github或Bitbucket，因此我選擇Y（yes）。倘若你還不熟悉Git，也沒有打算將專案放置於Git庫，你可以忽略這個問題提示，並輸入n。Git已經超出本書的討論範圍，如果想要學習更多有關於Git的內容，以下是我所建議的最佳參考資源：GitTower的《Learn Git for beginners》(http://www.git-tower.com/learn/)。

21. 接下來是**你是否想要將這個套件標註為私有，以防不小心被發佈到註冊表？（would you like to mark this package as private which prevents it from being accidentally published to the registry?）**輸入Y，因為我們不想要將專案註冊至Bower註冊表，如下圖所示：

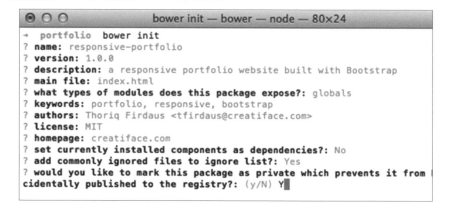

23. 檢查輸出結果。倘若看起來沒有問題，輸入Y在bower.json檔內產生輸出結果，如下圖所示：

```
● ● ●                bower init — bower — node — 80×24
  ],
  description: 'a responsive portfolio website built with Bootstrap',
  main: 'index.html',
  moduleType: [
    'globals'
  ],
  keywords: [
    'portfolio',
    'responsive',
    'bootstrap'
  ],
  license: 'MIT',
  homepage: 'creatiface.com',
  private: true,
  ignore: [
    '**/.*',
    'node_modules',
    'bower_components',
    'test',
    'tests'
  ]
}

? Looks good?: (Y/n) ▮
```

24. 有許多需要安裝的函式庫。首先我們以 `install bootstrap --save` 指令來安裝
    Bootstrap，如以下擷圖所示：

```
● ● ●
→  portfolio   bower install bootstrap --save▮
```

該指令後面的 `--save` 參數，會在 `bower.json` 裡將 Bootstrap 註冊為專案的依賴件。倘若
你開啟該檔案，你應該會在依賴件的部份找到它，如下圖所示：

```
21        "**/.*",
22        "node_modules",
23        "bower_components",
24        "test",
25        "tests"
26      ],
27      "dependencies": {
28        "bootstrap": "3.1.1"
29      }
30    }
31
```

你應該也會發現 Bootstrap 套件及其依賴件 (jQuery) 都一併儲存在名為 bower_
components 的資料夾中，如下圖所示：

129

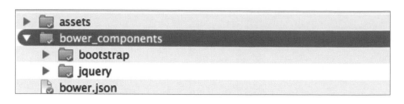

25. 以 `bower install jasny-bootstrap --save` 指令來安裝名為 Jasny Bootstrap 的
Bootstrap 擴充套件。

26. 以 `bower install ionicons-less --save` 指令來安裝具備 LESS 樣式表的 Ionicons。

27. Ionicons 套件有內建字型檔，將它們移到專案目錄的 `fonts` 資料夾，如下圖所示：

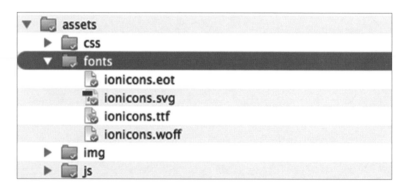

28. 最後，以 `bower install html5shiv --save` 指令來安裝 HTML5Shiv，讓 IE 8 或以下
版本能夠使用 HTML5 的新元素。

剛發生了什麼事？

我們剛建立了資料夾與網站首頁（`index.html`）。要顯示在網站上的圖像和圖示也準備
好了。我們也在 `bower.json` 裡紀錄了專案規格。經由這支檔案，我們可以知道這項專
案的名稱為 `responsive-portfolio`，目前版本是 1.0.0，並且包括以下幾個依賴件：

- Bootstrap（https://github.com/twbs/bootstrap）

- Jasny Bootstrap（http://jasny.github.io/bootstrap/）

- 包含 LESS 的 Ionicons（https://github.com/lancehudson/ionicons-less）

- HTML5Shiv（https://github.com/aFarkas/html5shiv）

我們已透過 bower install 指令來下載函式庫，這比下載 .zip 檔然後解壓縮來得精簡許多，所有的函式庫都已經被加入到一個名為 bower_components 的資料夾，如下圖所示：

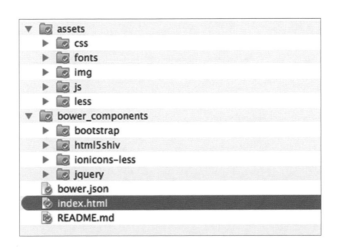

是該一展身手了 —— 設定 Bower 自訂目錄

Bower 預設會建立一個名為 bower_components 的資料夾。然而 Bower 也容許我們透過名為 .bowerrc 的 Bower 設定檔來設置檔案名稱。你可以自行建立 .bowerrc，然後依你所好來變更檔案名稱。請參閱以下資源來設置 Bower：http://bower.io/docs/config/。

小測驗 —— 測試你對 Bower 指令的瞭解程度

Q1　我們已經說明如何使用 Bower 來安裝以及更新函式庫。問題是該如何移除已經安裝的函式庫呢？

1. 執行 bower remove 指令。

2. 執行 bower uninstall 指令。

3. 執行 bower delete 指令。

Q2 除了安裝與移除函式庫，我們也可以在Bower註冊表中搜尋可以取得的函式庫。如何透過Bower註冊表來搜尋函式庫呢？

1. 執行bower search，後面接著關鍵字。

2. 執行bower search，後面接著函式庫名稱。

3. 執行bower browse，後面接著關鍵字。

Q3 Bower可以讓我們查詢套件屬性的細節，例如套件版本、依賴件以及作者等等。我們應使用哪一個指令來查詢這些細節呢？

1. bower info

2. bower detail

3. bower property

更新Bower元件

由於依賴件是藉由Bower安裝，使得專案的維護更加簡單。這些函式庫日後還能夠被加以更新。使用Bower指令來更新我們所安裝的函式庫，會比下載.zip套件、然後手動將檔案移到專案目錄來得簡潔許多。

執行bower list指令來查詢所有已安裝的Bower套件，並檢查套件是否有更新版本，如下圖所示：

```
→ portfolio  bower list
bower check-new     Checking for new versions of the project dependencie
responsive-portfolio#1.0.0
├── bootstrap#3.1.1 (latest is 3.2.0)
│   └── jquery#2.1.1
├── html5shiv#3.7.2
├── ionicons-less#1.4.1
├── jasny-bootstrap#3.1.3
│   ├── bootstrap#3.1.1 (3.2.0 available)
│   └── jquery#2.1.1
→ portfolio ▐
```

然後使用 `bower install` 指令，後面接著是 Bower 的套件名稱以及版本號來安裝新版本。例如要安裝 Bootstrap 3.2.0 版，則執行 `bower install bootstrap#3.2.0 --save` 指令。

 注 意

我們應該要能夠以 `bower update` 指令來更新套件。不過，這個指令似乎有些問題，在 Bower 的問題討論串中有好幾個相關的問題回報（`https://github.com/bower/bower/issues/1054`），所以此時我們應使用前面所示的 `bower install` 來處理。

作品集網站的 HTML 結構

這一節，我們將建構網站的 HTML 結構。你會發現有幾個我們準備要加入的元素很類似於我們先前在第一個網站（自適應部落格）裡所加入的。因此，以下的步驟將會很容易理解。倘若你在第一項專案有從頭跟到尾，這些步驟應該會很容易進行，讓我們繼續吧。

1. 開啟 `index.html`。如下加上基本的 HTML 結構：

```
<!DOCTYPE html>
<html lang="en">
<head>
  <meta charset="UTF-8">
  <title>Portfolio</title>
</head>
<body>
</body>
</html>
```

2. 在 `<meta charset="UTF-8">` 下面，加入一個元標籤來處理 IE 在顯示上的相容性問題：

```
<meta http-equiv="X-UA-Compatible" content="IE=edge">
```

這個元標籤規格會強迫 IE 在顯示網站時使用最新的引擎版本。

注意

對於更多有關於X-UA-Compatible的資訊，請參考Modern.IE的文章《How to Use X-UA-Compatible》(https://www.modern.ie/en-us/performance/how-to-use-x-ua-compatible)。

3. 在http-equiv元標籤下方，加上檢視區元標籤：

```
<meta name="viewport" content="width=device-width, initialscale=1">
```

這個檢視區元標籤規格，定義了網頁的檢視區寬度要依照裝置的檢視區大小，並且在網頁第一次開啟時的縮放比為1:1。

4. 在檢視區元標籤下方，加上小圖示(favicon)以及Apple觸控圖示的連結(apple-touch-icon)，Apple觸控圖示是用來在Apple的裝置(例如iPhone、iPad以及iPod)上顯示網站圖示：

```
<link rel="apple-touch-icon" href="assets/img/apple-icon.png">
<link rel="shortcut icon" href="assets/img/favicon.png"
 type="image/png">
```

5. 在<title>下方加入網站的描述元標籤：

```
<meta name="description" content="A simple portoflio website built
using Bootstrap">
```

這個在元標籤內的描述會顯示在搜尋引擎結果頁面(**Search Engine Result Page**，**SERP**)。

6. 你可以在元描述標籤下，再加上一個元標籤來指定網頁的作者，如下所示。

```
<meta name="author" content="Thoriq Firdaus">
```

7. 在<body>內，加上網站外側導覽的HTML，如下所示：

```
<nav id="menu" class="navmenu navmenu-inverse navmenu-fixed-left
offcanvas portfolio-menu" role="navigation">
      <ul class="nav navmenu-nav">
          <li class="active"><a href="#">Home</a></li>
          <li><a href="#">Blog</a></li>
          <li><a href="#">Shop</a></li>
          <li><a href="#">Speaking</a></li>
          <li><a href="#">Writing</a></li>
```

```
        <li><a href="#">About</a></li>
    </ul>
  </nav>
```

除了我們在關於 Jasny Bootstrap 與外側導覽的章節裡所談過的一些基本類別之外，我們另外也在 `<nav>` 元素中加入了一個名為 `portfolio-menu` 的新類別，將我們自己的樣式套用在外側導覽。

8. 加上 Bootstrap 的 `navbar` 結構，並加上 `<button>` 來讓外側選單可以滑進與滑出：

```
<div class="navbar navbar-default navbar-portfolio portfoliotopbar">
<button type="button" class="navbar-toggle" datatoggle="
offcanvas" data-target="#menu" data-canvas="body">
<span class="icon-bar"></span>
<span class="icon-bar"></span>
<span class="icon-bar"></span>
</button>
</div>
```

9. 在 `navbar` 底下，加入 `<main>` 元素如下：

```
<main class="portfolio-main" id="content" role="main">
</main>
```

如同 W3C（http://www.w3.org/TR/html-main-element/）所述，`<main>` 元素定義了網站的主要內容。所以這也是我們放置網頁內容（包括作品圖片）之處。

10. 加上 Bootstrap Jumbotron，包含了作品集網站名稱以及一行宣傳標語。由於我將展示一位朋友的作品，我希望將他的名字（**Yoga Perdana**）以及他在 **Dribbble** 頁面（https://dribbble.com/yoga）的宣傳標語陳列出來，如下所示：

```
<main class="portfolio-main" id="content" role="main">
<section class="jumbotron portfolio-about" id="about">
<h1 class="portfolio-name">Yoga Perdana</h1>
<p class="lead">Illustrator &amp; Logo designer. I work using
digital tools, specially vector.</p>
</section>
</main>
```

在這裡你可以自由加上自己的名稱或公司名稱。

11. 在 Bootstrap Jumbotron 區塊的下方，利用 HTML5 的 `<section>` 元素再增加一個區塊，並且為這個區塊加上標題，如下所示：

```
...
<section class="jumbotron portfolio-about" id="about">
<h1 class="portfolio-name">Yoga Perdana</h1>
<p class="lead">Illustrator &amp; Logo designer. I work using
digital tools, specially vector.</p>
</section>
<section class="portfolio-display" id="portfolio">
  <h2>Portfolio</h2>
</section>
```

12. 在標題（heading）下方加上一個用來放置作品集圖片的 Bootstrap 容器（`http://getbootstrap.com/css/#overview-container`），如下所示：

```
<section class="portfolio-display" id="portfolio">
<h2>Portfolio</h2>
   <div class="container">
</div>
</section>
```

13. 編排作品集圖片的排列方式，我們有 12 張圖片，這表示我們可以呈四張一列（四欄），以下是第一列：

```
...
<div class="container">
<div class="row">
<div class="col-md-3 col-sm-6 portfolio-item">
     <figure class="portfolio-image">
<img class="img-responsive" src="assets/img/6layers.jpg"
height="300" width="400" alt="">
<figcaption class="portfolio-caption">6 Layers</figcaption>
           </figure>
</div>
<div class="col-md-3 col-sm-6 portfolio-item">
     <figure class="portfolio-image">
<img class="img-responsive" src="assets/img/blur.jpg" height="300"
width="400" alt="">
<figcaption class="portfolio-caption">Blur</figcaption>
</figure>
  </div>
<div class="col-md-3 col-sm-6 portfolio-item">
          <figure class="portfolio-image">
<img class="img-responsive" src="assets/img/brain.jpg"
height="300" width="400" alt="">
```

```
<figcaption class="portfolio-caption">Brain</figcaption>
</figure>
  </div>
  <div class="col-md-3 col-sm-6 portfolio-item">
<figure class="portfolio-image">
<img class="img-responsive" src="assets/img/color.jpg"
height="300" width="400" alt="">
<figcaption class="portfolio-caption">Color</figcaption>
</figure>
  </div>
</div>
</div>
```

每一欄都指定了一個特別的類別，讓我們可以套用自訂樣式。我們也在 `<figure>` 加上一個類別，用來包覆圖片。並且我們也出於相同的目的，為 `<figcaption>` 元素加上一個類別來包覆小圖示的說明。

14. 將其餘的圖片加入至對應的欄與列中。由於我們有 12 張圖片，所以在網站中應該要顯示三列。每一列包括四張圖片，其中一列已經在步驟 13 建立了。

15. 在作品集區塊下，加入網站的訊息表單，其中包括三個表單欄位以及一個按鈕，如以下程式碼所示：

```
...
</section>
<div class="portfolio-contact" id="contact">
    <div class="container">
      <h2>Get in Touch</h2>
<form id="contact" method="post" class="form" role="form">
        <div class="form-group">
<input type="text" class="form-control input-lg" id="input-name"
placeholder="Name">
</div>
                <div class="form-group">
<input type="email" class="form-control input-lg" id="input-email"
placeholder="Email">
                </div>
                 <div class="form-group">
<textarea class="form-control" rows="10"></textarea>
                 </div>
<button type="submit" class="btn btn-lg btn-primary">Submit</button>
        </form>
</div>
</div>
```

這裡的網站表單很簡單，只有三個欄位。不過你可以依照自己的需求加入其他的表單欄位。

16. 最後，我們會以HTML5的`<footer>`元素來加入網站頁腳。如同我們在網站線框圖所見到的，這個頁腳包含了社群網站圖示，以及網站的版權聲明。

17. 在網站的主內容下方加入以下的HTML標記：

```
...
</main>
<footer class="portfolio-footer" id="footer">
      <div class="container">
        <div class="social" id="social">
          <ul>
<li class="twitter"><a class="icon ion-social-twitter"
href="#">Twitter</a></li>
<li class="dribbble"><a class="icon ion-social-dribbble-outline"
href="#">Dribbble</a></li>
             </ul>
        </div>
<div class="copyright">Yoga Perdana &copy; 2014</div>
      </div>
   </footer>
```

剛發生了什麼事？

我們以幾個HTML5元素以及一些可重複使用的Bootstrap類別來建構相片集網站的HTML結構。你應該能夠透過下列網址來看一下這個網站：`http://localhost/portfolio/`。或者倘若你是OS X使用者，則使用下列網址：`http://{`電腦使用者名稱`}/portfolio/`。此時網站還沒有套用任何樣式表在頁面上。如接下來的擷圖所示。

 提示

先前步驟的所有程式碼皆可以從以下的Gist取得：`http://git.io/oIh31w`。

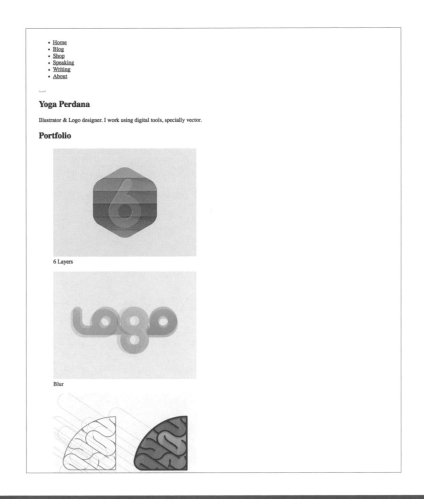

是該一展身手了 —— 作品集網站的延伸

Bootstrap 有內建多種元件。不過,我們只使用了其中幾種,包括了網格、Jumbotron、按鈕以及表單。你可以進一步幫網站加上其他 Bootstrap 元件,例如以下的元件:

- 分頁(http://getbootstrap.com/components/#pagination)

- 階層連結(http://getbootstrap.com/components/#breadcrumbs)

- 自適應式嵌入(http://getbootstrap.com/components/#responsive-embed)

- 面板(http://getbootstrap.com/components/#panels)

- 牆面(http://getbootstrap.com/components/#wells)

除此之外，請試著建立更多網頁並透過外側導覽選單來連結。

小測驗——Bootstrap 按鈕類別

Bootstrap 指定了幾個可重複使用的類別，可以藉由其預設樣式來讓元素快速成形。

Q1 以下類別何者沒有使用在 Bootstrap 網格上？

1. `col-sm-pull-8`

2. `col-md-push-3`

3. `col-xs-offset-5`

4. `col-lg-6`

5. `col-xl-7`

Q2 下面哪個類別是 Bootstrap 用來設計按鈕樣式的？

1. `btn-link`

2. `btn-submit`

3. `btn-send`

4. `btn-cancel`

5. `btn-enter`

總結

本章開始了本書的第二項專案。我們使用最受歡迎的開發框架 Bootstrap，來建構了一個作品集網站。我們也探索了一款很迷人的新工具 Bower，可以簡化網站依賴件的管理。

兩者都是極佳的整合工具。Bootstrap 讓我們以模組化元件以及可重複使用的類別來快速建構自適應網站，而 Bower 則可以讓專案的維護更加容易。

在下一章，我們將會以 LESS 和 JavaScript 來佈置網站。

第 6 章

使用 LESS 美化自適應的 作品集網站

在前面一章，我們以HTML5以及幾個Bootstrap附帶的類別建構了作品集網站的結構。不過這個網站還沒有任何裝飾，這是因為我們還沒有編寫樣式表並加入到網頁中。所以本章的重點會放在網站的裝飾上。

Bootstrap主要是使用LESS來產生元件的樣式。因此我們也將會使用LESS來設計作品集網站。LESS具有好幾項功能，例如變數（variable）與摻入件（mixin）等等，可以讓我們撰寫簡潔且有效率的樣式規則。最後，你也會發現使用LESS能夠比一般的CSS來得更容易自訂與維護網站的樣式。

此外，我們也使用一款名為Jasny Bootstrap 的Bootstrap 擴充套件，來加入外側導覽至作品集網站。在這個階段，外測導覽還不會有什麼動作，因為我們只有設置HTML 結構。所以在本章，除了網站樣式的編譯之外，我們也會編譯Bootstrap以及Jasny Bootstrap的JavaScript函式庫來建立外側導覽功能。

在本章，我們將討論許多事物，包括了以下的主題：

■ 學習基礎LESS語法，例如變數與摻入件。

■ 以LESS的@import指令來組織樣式表。

■ 設置Koala將LESS編譯成一般的CSS。

■ 深入原始碼對應（source map）來進行LESS除錯（debug）。

■ 使用LESS編寫網站的自訂樣式。

■ 編譯JavaScript 來啟動外側導覽。

LESS語法基礎

LESS（http://lesscss.org）是一款基於JavaScript的CSS預處理器，由Alexis Sellier（又名為CloudHead，`http://cloudhead.io`）所開發。如之前所述，Bootstrap使用LESS來編寫它的元件樣式。雖然它也在最近正式釋出Sass版本，不過我們仍然會使用LESS，來編寫以及管理我們自己的樣式規則。

簡而言之，LESS引進了一些程式語言的特色來擴展CSS，例如變數、函式（function）與運算（operation）等等。CSS是一門很簡單的語言，基本上也很容易學習。不過要維護靜態CSS實際上是很辛苦的，尤其是當我們面對數千行的樣式規則以及多支樣式表時更是如此。LESS能夠提供諸如變數、摻入件、函式以及運算（不久便會見到）的能力，可以讓我們開發出更利於維護及規劃的樣式規則。

變數

變數是在LESS中最基礎的功能，如同其他的程式語言，變數是用來存放一個常數或者一個值，並且可以在整個樣式表中無限制的重複使用。LESS的變數是以 @ 符號來宣告，後面則是接著變數名稱，變數名稱可以是數字與字母的組合。在以下的例子，我們會建立幾個LESS變數並且以十六進位格式來存放一些顏色值，然後在樣式規則中指派它們來傳遞顏色，如下所示：

```less
@primaryColor: #234fb4;
@secondaryColor: #ffb400;
a {
  color: @primaryColor;
}
button {
  background-color: @secondaryColor;
}
```

使用例如Koala這類的LESS編譯器，前面的原始碼便會編譯成靜態CSS，如下所示：

```css
a {
  color: #234fb4;
}
button {
```

142

```
  background-color: #ffb400;
}
```

變數的使用不只是像前面示範的，只是用來存放顏色值而已，我們可以使用變數來存放任何類型的值，舉例來說：

```
@smallRadius: 3px;
```

使用變數的其中一項好處是：倘若我們要做一些變更，我們只需要變更變數內的值即可。我們所做的變更便會一併套用到樣式表中所有出現該變數的地方。這顯然會省下不少時間。反之如果是使用編輯器的**搜尋（search）**以及**取代（replace）**功能來作業，不小心的話，可能會造成一些意想不到的變化。

 注意

你會經常見到編譯（compile）與編譯器（compiler）這兩個名詞。編譯在這裡指的是將LESS轉換成可以在瀏覽器上顯示的標準CSS格式。編譯器則是執行編譯動作的工具。在這裡所使用的編譯器是Koala。

嵌套樣式規則

LESS可以讓我們在樣式規則中嵌套（nest）另外一個。傳統上CSS如果要套用樣式規則到元素時，譬如 <nav> 元素，我們會以下列方式編寫樣式規則：

```
nav {
  background-color: #000;
  width: 100%;
}
nav ul {
  padding: 0;
  margin: 0;
}
nav li {
  display: inline;
}
```

從前面的例子可以見到，每次套用樣式於嵌套在<nav>元素下的特定元素時，都必須重複編寫nav選取器。反之若使用LESS，便能夠以嵌套樣式規則來去除重複性，並簡化程式碼，如下所示：

```
nav {
  background-color: #000;
  width: 100%;
  ul {
   padding: 0;
   margin: 0;
  }
  li {
   display: inline;
  }
}
```

這些樣式規則最後會回傳相同的結果，但撰寫的方式更有效率。

摻入件（Mixins）

摻入件是LESS最強大的功能。摻入件能夠簡化樣式規則的宣告，讓我們可以建立CSS屬性的群組，並利用群組將這些樣式規則加入到樣式表中，讓我們來看看以下的語法。

```
.links {
  -webkit-border-radius: 3px;
  -mox-border-radius: 3px;
  border-radius: 3px;
  text-decoration: none;
  font-weight: bold;
}
.box {
-webkit-border-radius: 3px;
  -moz-border-radius: 3px;
  border-radius: 3px;
  position: absolute;
  top: 0;
  left: 0;
}
.button {
  -webkit-border-radius: 3px;
  -mox-border-radius: 3px;
  border-radius: 3px;
}
```

在上面這個例子，我們為 border-radius 宣告三種不同的樣式規則，使用供應商前綴（vendor prefix）來涵蓋早期的 Firefox 與 Webkit 瀏覽器引擎。我們在 LESS 能夠建立一個摻入件來簡化 border-radius 宣告。LESS 的摻入件僅僅是設定一個類別選擇器。以前面的例子來說，我們建立了一個名為 .border-radius 的摻入件來包含 border-radius 的屬性，如下所示：

```
.border-radius {
  -webkit-border-radius: 3px;
  -moz-border-radius: 3px;
  border-radius: 3px;
}
```

然後，我們加入 .border-radius 在接下來的樣式規則中，將相關屬性傳遞進去，如下所示：

```
.links {
  .border-radius;
  text-decoration: none;
  font-weight: bold;
}
.box {
  .border-radius;
  position: absolute;
  top: 0;
  left: 0;
}
.button {
  .border-radius;
}
```

這段程式碼所編譯出的靜態 CSS 會與先前的 CSS 完全相同。

參數型的摻入件

此外，我們可以將摻入件擴展為所謂的參數型摻入件（**parametric mixins**）。這項功能可以讓我們加入參數或變數來對摻入件做進一步的設定。我們以前面這節的相同範例來說明，不過這次我們不指派固定值，而是以變數來代替，如下所示：

```
.border-radius(@radius) {
 -webkit-border-radius: @radius;
 -moz-border-radius: @radius;
```

```
  border-radius: @radius;
}
```

現在我們可以插入這個摻入件至其他的樣式規則並指定不同的值給它：

```
a {
  .border-radius(3px);
  text-decoration: none;
  font-weight: bold;
}
div {
   .border-radius(10px);
   position: absolute;
   top: 0;
   left: 0;
}
button {
   .border-radius(12px);
}
```

當我們將它編譯成一般的 CSS，每一個樣式規則都將採用不同的 border-radius 值，如下所示：

```
a {
  -webkit-border-radius: 3px;
  -moz-border-radius: 3px;
  border-radius: 3px;
  text-decoration: none;
  font-weight: bold;
}
div {
  -webkit-border-radius: 10px;
  -moz-border-radius: 10px;
  border-radius: 10px;
  position: absolute;
  top: 0;
  left: 0;
}
button {
  -webkit-border-radius: 12px;
  -moz-border-radius: 12px;
  border-radius: 12px;
}
```

在參數型的摻入件中設定預設值

我們也可以為參數型的摻入件設定預設值，以避免在沒有接收到參數時出錯。當我們設定一個參數至摻入件，如同前例所示，LESS會將這個參數視為必要的。如果我們沒有傳遞參數給它，LESS會回傳錯誤。因此，我們可以在先前的範例中加入一個預設值，譬如5px，如下所示：

```
.border-radius(@radius: 5px) {
  -webkit-border-radius: @radius;
  -moz-border-radius: @radius;
  border-radius: @radius;
}
```

這個參數型的摻入件預設會回傳5px的邊框半徑。倘若我們在括號內再傳遞一個值，這個預設值則會被覆寫。

以延伸語法來合併摻入件

延伸（extend）語法，是LESS期待已久的功能。LESS摻入件的主要問題是，它僅僅是複製摻入件中所包含的CSS屬性，會因此產生重複的程式碼。倘若我們面對的是有數千行程式碼的大型網站，這些重複內容會讓樣式表變得肥大，而這是沒有必要的。

LESS在1.4版導入了延伸語法，其形式類似於CSS偽類別「:extend」。延伸語法會將包含摻入件的多個選取器合併起來。請比較接下來的兩個例子。

一開始，我們加入一個沒有:extend語法的摻入件：

```
.border-radius {
  -webkit-border-radius: 3px;
  -moz-border-radius: 3px;
  border-radius: 3px;
}
.box {
  .border-radius;
  position: absolute;
  top: 0;
  left: 0;
}
.button {
  .border-radius;
}
```

前面的 LESS 程式碼不長，但當它編譯成 CSS 時，這些程式碼會擴展至大約 17 行，因為 border-radius 的屬性會重複複製到每一個樣式規則中，如下所示：

```
.border-radius {
  -webkit-border-radius: 3px;
  -moz-border-radius: 3px;
  border-radius: 3px;
}
.box {
  -webkit-border-radius: 3px;
  -moz-border-radius: 3px;
  border-radius: 3px;
  position: absolute;
  top: 0;
  left: 0;
}
.button {
  -webkit-border-radius: 3px;
  -moz-border-radius: 3px;
  border-radius: 3px;
}
```

在第二個例子裡，我們會使用 :extend 語法放入相同的摻入件：

```
.border-radius {
  -webkit-border-radius: 3px;
  -moz-border-radius: 3px;
  border-radius: 3px;
}
.box {
  &:extend(.border-radius);
  position: absolute;
  top: 0;
  left: 0;
}
.button {
 &:extend(.border-radius);
}
```

以下則顯示程式碼所轉換出的一般 CSS，它甚至比原先的 LESS 程式碼還要短。

```
.border-radius,
.box
.button {
  -webkit-border-radius: 3px;
  -moz-border-radius: 3px;
```

```
  border-radius: 3px;
}
.box {
  position: absolute;
  top: 0;
  left: 0;
}
```

利用數學運算產生值

我們可以利用 LESS 來進行數學運算，例如加減乘除等等。運算功能對於長度的判斷
（例如元素的寬度與長度）很有用。在以下的範例中，為了計算合適的方盒寬度，我們
會減去內間距（padding），讓它可以容納於父層的容器中。

首先，我們會以 @padding 變數來定義內間距的變數：

```
@padding: 10px;
```

然後我們指定方盒寬度，並將它減去 @padding 變數：

```
.box {
  padding: @padding;
  width: 500px - (@padding * 2);
}
```

請記得內間距佔了方盒的兩側（上下及左右），所以我們要將 width 屬性裡的 @padding
乘以二。最後我們編譯 LESS 為一般的 CSS，程式碼如下所示：

```
.box {
 padding: 10px;
 width: 480px;
}
```

我們也可以對寬度做相同的運算，如下所示：

```
.box {
  padding: @padding;
  width: 500px - (@padding * 2);
  height: 500px - (@padding * 2);
}
```

149

以數學運算和LESS函式產生顏色值

在LESS裡，我們可以藉由數學運算來改變顏色值。就像調色一樣，不過我們是以加減乘除來執行。舉例來說：

```
.selector {
  color: #aaa + 2;
}
```

編譯後，顏色變更如下：

```
.selector {
  color: #acacac;
}
```

此外，LESS也提供了許多方便的函式，讓我們可以在一定程度上將顏色變得更深或更淺。以下的例子會將@color變數中的顏色變淺50%。

```
@color: #FF0000;
.selector {
 color: lighten(@color, 50%);
}
```

另外，要讓顏色變得更深，則可以使用darken()函式，如下所示：

```
@color: #FF0000;
.selector {
 color: darken(@color, 50%);
}
```

 注意

關於LESS色彩函式的完整列表，請參閱LESS的官方頁面(http://lesscss.org/functions/#color-operations)。

引用式匯入

引用式匯入（referential import）是我最喜歡的LESS功能之一，如同其名稱所示，它可以讓匯入的外部樣式表僅供引用。在這項功能出現之前，@import指令會將所有樣式表中的樣式規則加進去,這通常是沒有必要的。

LESS 從 1.5 版開始導入了 (reference) 選項,可以將 @import 標註為引用,因此為了避免加入外部的樣式規則。可以在 @import 後方加上 (reference),如下所示:

```
@import (reference) 'partial.less';
```

在匯入陳述中使用變數

LESS 曾經存在的一項不足之處是在 @import 指令內使用變數(https://github.com/less/less.js/issues/410),這是最常被要求的一項功能,最終在 LESS 1.4 版被解決了。我們現在能夠在 @import 陳述中將變數名稱放置於大括號內,例如 @{variable-name}。

@import 加上變數的使用,可以讓我們只需要以變數來定義樣式表路徑一次,然後利用該變數來重複呼叫路徑,如下所示:

```
@path: 'path/folder/less/';
@import '@{path}mixins.less';
@import '@{path}normalize.less';
@import '@{path}print.less';
```

這個方法顯然比每一次匯入樣式規則時都要個別寫入完整路徑還來得更簡潔且有效率:

```
@import 'path/folder/less/mixins.less';
@import 'path/folder/less/normalize.less';
@import 'path/folder/less/print.less';
```

注意

請參閱 LESS 官方網站有關於 **Import Directive** 的部份(http://lesscss.org/features/#import-directives-feature),來瞭解更多關於使用 LESS 來匯入外部樣式表的資訊。

使用原始碼對應,讓樣式表除錯更輕鬆

諸如 LESS 這類的 CSS 預處理器可以讓我們更有效率的撰寫樣式規則,然而瀏覽器只會讀取一般的 CSS,而這會造成另外一個關於樣式表除錯的問題。

由於瀏覽器是引用最終產生的CSS而不是其原始檔案（LESS），因此我們對樣式規則中所對應的原始檔案位置一無所知。原始碼對應（source map）可以解決這個問題，將產出的CSS對應回原始的檔案。在支援原始碼對應的瀏覽器上，你會發現瀏覽器能夠直接引用原始檔。以LESS來說，瀏覽器便會引用 .less 樣式表，如下所示：

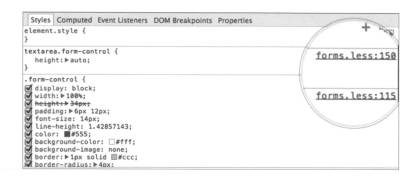

在這項專案中，我們將會產生CSS的原始碼對應。因此，倘若我們遇到bug，要解決它就會變得輕鬆許多。我們可以立即找出樣式規則的確切位置。

注意

可進一步參考以下有關於原始碼對應的資訊：

- Google的《Working with CSS preprocessors》（`https://developer.chrome.com/devtools/docs/css-preprocessors`）

- 《An Introduction to Source Map》（`http://blog.teamtreehouse.com/introduction-source-maps`）

- 《Using LESS Source Maps》（`https://roots.io/using-less-source-maps/`）

關於 LESS 的更多資訊

LESS擁有許多功能，並且還會持續擴展。要在這本書包含它的所有內容是不太實際的。因此提供以下幾項參考資源讓你能夠深入瞭解：

- LESS官方網站(`http://lesscss.org`)，這是取得LESS最新資訊的最佳資源。

- 《LESS Web Development Essentials》(Bass Jobsen，Packt Publishing)(`https://www.packtpub.com/web-development/less-web-development-essentials`)

- 《Instant LESS CSS preprocessor》(`https://www.packtpub.com/web-development/instant-less-css-preprocessor-how-instant`)

引用外部樣式表

在前面一節我們介紹了許多LESS基本語法，現在我們想要實際以LESS來開始實作。不過在我們利用Bootstrap與Jasny Bootstrap套件中的變數、摻入件以及函式來撰寫自己的樣式表之前，我們必須先使用LESS的`@import`指令來將它們匯入到我們自己的樣式表中。

是時候開始行動 —— 建立樣式表並組織外部樣式表引用

執行以下步驟來處理樣式表引用：

1. 前往專案的目錄，並在`assets/less`目錄裡，建立一支名為`var-bootstrap.less`的樣式表。這支樣式表是作為Bootstrap預設變數的副本。而使用副本可以讓我們在不影響初始規格的情況下自訂變數。

2. 前往`/bootstrap/less`目錄，將`variables.less`樣式表內的Bootstrap變數全數複製到步驟1所建立的`var-bootstrap.less`裡。

 提示

為了方便起見，你也可以直接從Github庫(`http://git.io/7LmzGA`)複製Bootstrap變數。

建立一支名為`var-jasny.less`的樣式表。跟`var-bootstrap.less`類似，這支樣式表則會是Jasny Bootstrap 變數的副本。

4. 前往`jasnybootstrap/less`目錄，從`variables.less`取得Jasny Bootstrap變數。將所有變數複製到步驟3所建立的`var-jasny.less`樣式表裡。

提示

你也可以直接從Jasny Bootstrap庫（`http://git.io/SK1ccg`）複製所有的變數。

5. 建立一支名為`frameworks.less`的樣式表。

6. 我們準備使用這支樣式表來匯入在`bower_component`資料夾內的Bootstrap及Jasny Bootstrap 樣式表。

7. 在`frameworks.less`裡，建立一個名為`@path-bootstrap`的變數來定義路徑，指向Bootstrap中名為`less`的資料夾，也就是Bootstrap用來存放所有LESS 樣式表的資料夾：

```
@path-bootstrap:'../../bower_components/bootstrap/less/';
```

8. 同樣地，再建立一個變數來定義路徑，這次指向Jasny Bootstrap的`less`資料夾，如下所示：

```
@path-jasny: '../../bower_components/jasny-bootstrap/less/';
```

9. 另外也建立一個變數來定義Ionicons的路徑：

```
@path-ionicons: '../../bower_components/ionicons-less/less/';
```

10. 使用以下程式碼匯入包含變數的樣式表：

```
@import 'var-bootstrap.less';
@import 'var-jasny.less';
```

11. 匯入Bootstrap及Jasny Bootstrap的樣式表，這是我們的作品集網站所需要的。使用我們在步驟6至8所建立的變數來指定路徑：

```
// Mixins
@import '@{path-bootstrap}mixins.less';
// Reset
@import '@{path-bootstrap}normalize.less';
@import '@{path-bootstrap}print.less';
// Core CSS
@import '@{path-bootstrap}scaffolding.less';
@import '@{path-bootstrap}type.less';
```

```
@import '@{path-bootstrap}grid.less';
@import '@{path-bootstrap}forms.less';
@import '@{path-bootstrap}buttons.less';
// Icons
@import '@{path-ionicons}ionicons.less';
// Components
@import '@{path-bootstrap}navs.less';
@import '@{path-bootstrap}navbar.less';
@import '@{path-bootstrap}jumbotron.less';
// Offcanvas
@import "@{path-jasny}navmenu.less";
@import "@{path-jasny}offcanvas.less";
// Utility classes
@import '@{path-bootstrap}utilities.less';
@import '@{path-bootstrap}responsive-utilities.less';
```

提示

你也可以從 Gist（`http://git.io/WpBVAA`）複製這些程式碼。

注意

如同前面所見，應盡量避免加入網站所不需要的樣式規則，因此我們將幾支 Bootstrap 以及 Jasny Bootstrap 的樣式表從 `frameworks.less` 中排除。

12. 建立一支名為 `style.less` 的樣式表。這支樣式表是我們要自行編寫樣式規則的地方。

13. 在 `style.less` 裡匯入 Bootstrap 的變數及摻入件：

```
@path-bootstrap: '../../bower_components/bootstrap/less/';
@import 'var-bootstrap.less';
@import 'var-jasny.less';
@import (reference) '@{path-bootstrap}mixins.less';
```

剛發生了什麼事？

這裡做個小總結，我們已建立了樣式表並將它們依序放置。首先，我們建立了兩支分別名為 `var-bootstrap.less` 與 `var-jasny.less` 的樣式表，用來存放 Bootstrap 與 Jasny Bootstrap 的變數。如前所述，我們複製這些變數以避免修改到原本的。我們也建立了名為 `frameworks.less` 的樣式表，其中包含了 Bootstrap 與 Jasny Bootstrap 樣式表的引用。

最後，我們建立了網站主要的樣式表，名為style.less。並且匯入變數以及摻入件，讓它們可以在style.less中重複使用。

是該一展身手了 —— 命名與組織樣式表

在前面的步驟裡，我們組織了資料夾和檔案並依照我的個人喜好命名。你當然可以不用按照我的命名方式，你可以用自己的方式來組織它們。

 注 意

最需要注意的是@import必須參照正確的檔案名稱。

以下還有幾個額外的作法：

- 將var-bootstrap.less簡化命名為vars.less。

- 此外，建立一個名為vars或configs的資料夾，用來存放var-bootstrap.less與var-jasny.less樣式表。

- 你是否已經知道不需要加上.less副檔名也可以匯入LESS樣式表？為了簡化起見，其實你也可以省略副檔名，例如：

```
@import (reference) '@{path-bootstrap}mixins.less';
```

小測驗 —— 下列哪個選項不是 LESS 的匯入選項？

Q1 在本章其中一節，我們有談到(reference)，也就是匯入外部樣式表，但僅供引用。除了(reference)之外，LESS也提供了更多匯入樣式表的選項，那麼，下列哪一個不是LESS匯入選項？

1. (less)

2. (css)

3. (multiple)

4. (once)

5. (default)

Q2 如何在 `@import` 中使用變數？

1. `@import '@{variable}style.less';`

2. `@import '@[variable]style.less';`

3. `@import '@(variable)style.less';`

使用 Koala

HTML 與樣式表已經準備好了。現在該是時候將它們放在一起，建構出穩固的作品集網站。我們將會使用 LESS 語法來編寫網站樣式，也會如同第一項專案來使用 Koala，不過這次我們將編譯 LESS 為一般的 CSS。

是時候開始行動 —— 使用 Koala 編譯 LESS 為 CSS

請使用 Koala 進行以下步驟來編譯 LESS 為 CSS：

1. 在 Koala 側邊選單加入專案目錄，如下所示：

2. 除了 `frameworks.less` 與 `style.less` 外選擇所有的樣式表。按右鍵並選取 **Toggle Auto Compile**，如下圖所示：

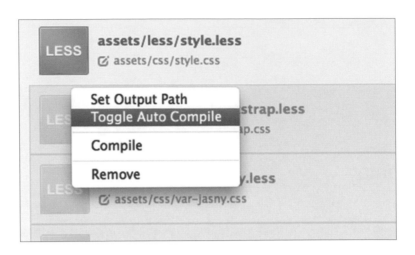

所選取的樣式表便不會被自動編譯，以避免 Koala 不小心將這些樣式表編譯進去。

3. 另一方面，請確認其餘的兩支樣式表 frameworks.less 與 style.less 的 **Auto Compile** 有勾選：

4. 確認 frameworks.less 與 style.less 的輸出目錄是設為 /assets/css，如下圖所示：

5. 勾選這兩支樣式表的 **Source Map** 選項，來產出能夠協助除錯的原始碼對應檔。

6. 選擇 `frameworks.less` 與 `style.less` 這兩支樣式表的輸出樣式（output styles）為
   compress：

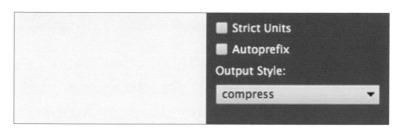

這項功能會產生較小的 CSS 樣式表，因為樣式表內的程式碼會縮成單獨一行。因此樣式
表便能夠被瀏覽器快速載入，並且也會節省使用者端的頻寬消耗。

7. 選擇 `frameworks.less` 並點擊 **Compile** 按鈕將它編譯成 CSS：

8. 對 `style.less` 採取相同的動作。選取它並點擊 **Compile** 按鈕來將它編譯為 CSS。然後
   用編輯器開啟 `index.html`，並在 `<head>` 內連結這兩支樣式表，如下所示：

```
<link href="assets/css/frameworks.css" rel="stylesheet">
<link href="assets/css/style.css" rel="stylesheet">
```

剛發生了什麼事？

在前面的步驟中，我們將網站主要的樣式表 `frameworks.less` 與 `style.less` 從 LESS
編譯成 CSS。現在前往 `assets/css/` 目錄應該就可以看到它們及其原始碼對應檔。由於
程式碼已經壓縮過了，因此輸出後的檔案大小相對小了很多，如以下擷圖所示：

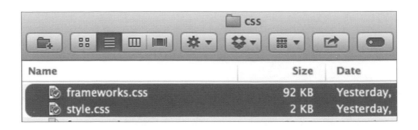

如圖所示，這些樣式表檔案會變得比較小，frameworks.css只有92 kb，而sytle.css則只有2 kb另外，我們也在 index.html 裡連結這些CSS樣式表，不過由於我們還沒有撰寫自己的樣式表，這網站是以預設的Bootstrap樣式來裝飾，如以下擷圖所示：

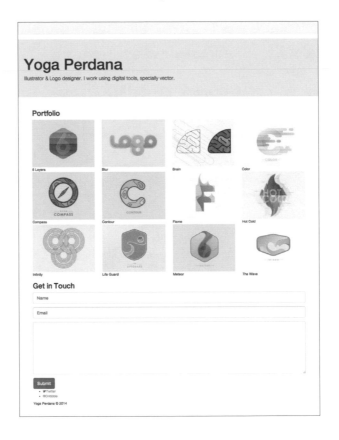

藉由 LESS 讓作品集網站更亮眼

開始對作品集網站進行裝置可能是讓你期待已久的部分，看到網站逐漸成形、越加美觀，顯然是一件令人愉快的事。在這一節，我們將使用本章稍早之前所介紹的 LESS 語法來自訂預設樣式並且編寫出自己的樣式規則

是時候開始行動 —— 以 LESS 語法來編寫網站樣式表

請執行以下步驟來設計網站：

1. 從 Google Font 加入新的字型集，這裡我選擇了 Varela Round (http://www.google.com/fonts/specimen/Varela+Round)。在加入其他的樣式表之前先放置以下的 Google Font 連結：

```
<link href='http://fonts.googleapis.com/css?family=Varela+Round' rel='stylesheet' type='text/css'>
```

2. 我們要變更某些變數來自訂預設樣式。在 Sublime Text 開啟 varbootstrap.less，首先，我們變更 @brand-primary 變數來定義 Bootstrap 的主要顏色，將色碼從 #428bca 改為 #46acb8：

3. 另外，變更在 @brand-success 變數內的顏色，從 #5cb85c 改為 #7ba47c：

161

4. 變更 `@headings-font-family` 變數，這是用於定義標題的字型集，將它從 `inherit` 改為 `"Varela Round"`，如下所示：

```
@headings-font-family: "Varela Round", @font-family-sans-serif;
```

5. 當使用者對焦在表單欄位上時，Bootstrap 預設會有一個發光效果。這個效果的顏色是在 `@input-border-focus` 中設定。將顏色從 `#66afe9` 變更為 `#89c6cb`：

6. 在網站的頂部區塊，你可以見到導覽欄（navbar）仍然是 Bootstrap 預設樣式，如下圖所示：

7. 這兩個顏色是在 `@navbar-default-bg` 與 `@navbar-default-border` 中設定。我們將這些變數都變更為透明，如下所示：

```
@navbar-default-bg: transparent;
@navbar-default-border: transparent;
```

8. **Jumbotron** 區塊的預設樣式是設為灰色背景，若要移除這個顏色，則將 `@jumbotron-bg` 變數設為透明，如下所示：

```
@jumbotron-bg: transparent;
```

9. 我們稍後會回來修訂更多的 Bootstrap 變數。此時，讓我們先撰寫自己的樣式規則。一開始我們將顯示導覽欄的開關按鈕，它目前在 Bootstrap 的預設樣式是設為隱藏。在我們的專案中，這個按鈕會用來滑動外側導覽的開啟與關閉。讓我們以下列的樣式規則來將按鈕設為可見的：

```
.portfolio-topbar {
  .navbar-toggle {
  display: block;
  }
}
```

10. 如以下擷圖所示，這個俗稱漢堡圖示(http://gizmodo.com/who-designed-the-iconic-hamburger-icon-1555438787)的開關按鈕，現在是可見的：

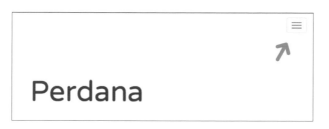

11. 目前的按鈕是位於右側。根據網站藍圖，這個按鈕應該要放在左側。請加上 float:left 來將它放置於左側，另外使用 margin-left:15px 在按鈕左側加上一點空白，如下所示：

```
.portfolio-topbar {
  .navbar-toggle {
    display: block;
    float: left;
    margin-left: 15px;
  }
}
```

12. 這裡我想要利用 var-bootstrap.less 中的幾個變數來自訂開關按鈕的預設樣式。因此接下來在 Sublime Text 開啟 var-bootstrap.less。

13. 首先，我們變更 @navbar-default-toggle-border-color 變數的值來移除按鈕外框，如下所示，從 #ddd 改為 transparent：

```
@navbar-default-toggle-border-color: transparent;
```

14. 我們也移除掉當暫留在按鈕上方時的灰色背景顏色，將 @navbardefault-toggle-hover-bg 變數從 #ddd 改為 transparent，如下所示：

```
@navbar-default-toggle-hover-bg: transparent;
```

15. 我想要讓漢堡圖示看起來更粗壯一點。所以在這裡，我們將顏色變更為黑色。請將 @navbar-default-toggle-icon-barbg 的值從 #888 變更為 #000：

```
@navbar-default-toggle-icon-bar-bg: #000;
```

16. 在這個階段，網站內容是對齊左側，也就是瀏覽器對於任何內容的預設對齊位置。然而根據網站藍圖，網站內容應該是置中對齊。如下所示使用 text-align: center，來將內容置中對齊。

```
.portfolio-about,
.portfolio-display,
.portfolio-contact,
.portfolio-footer {
  text-align: center;
}
```

17. 加上以下語法，將網站名稱都轉為大寫（全大寫字母），這能夠讓它大一點並且更顯著一點。

```
.portfolio-about {
  .portfolio-name {
    text-transform: uppercase;
  }
}
```

18. 另一方面，將注目標語列的文字顏色設為淡灰色使其不會那麼明顯。在這裡我們使用 Bootstrap 預設的 @gray-light 變數來套用灰色，如下所示：

```
.portfolio-about {
  .portfolio-name {
    text-transform: uppercase;
  }
  .lead {
    color: @gray-light;
  }
}
```

19. 將作品集區塊的背景顏色設定為淡灰色，並且要比 @gray-lighter 變數的顏色還淡。這個背景色的設計是為了更加突顯作品集區塊。

20. 在這項專案，我們選擇使用 LESS 的 darken() 函式，來將白色稍微加深一點，如下所示：

```
.portfolio-display {
background-color: darken(#fff, 1%);
}
```

注意

這個背景顏色也可以使用 LESS 的 `lighten()` 函式，將黑色變淺 99% 來達到同等效果，也就是 `background-color:lighten(#000, 99%);`。

21. 在這個階段，倘若我們看一下作品集區塊，似乎在頂部及底部都只有留下一點空間，如同下面擷圖所指出之處：

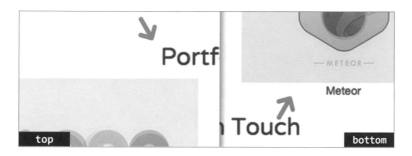

22. 加入 `padding-top` 與 `padding-bottom`，來為作品集的上下增加更多空間：

```
.portfolio-display {
  background-color: darken(#fff, 1%);
  padding-top: 60px;
  padding-bottom: 60px;
}
```

23. 這裡小總結一下，我們已在網站上加入兩個標題，其中一個是在作品集區塊，目的是為了清楚地顯示區塊名稱。這些標題將會共用相同的樣式規則，所以我們最好先建立一個可以定義標題樣式的摻入件。

24. 定義摻入件以及當中的 CSS 屬性來套用標題樣式，如下所示：

```
.heading {
  color: lighten(#000, 70%);
  text-transform: uppercase;
  font-size: 21px;
  margin-bottom: 60px;
}
```

25. 加入以下的樣式規則供區塊標題使用，這可以讓它看起來更隱約一些，以配合作品集區塊的背景顏色：

```
.portfolio-display {
...
  h2 {
    &:extend(.heading);
  }
}
```

26. 如以下擷圖所示，列與列之間的間距很小，彼此之間太靠近了：

所以，針對每一個作品集項目，設定margin-bottom加入更多的空間，如下所示：

```
.portfolio-item {
  margin-bottom: 30px;
}
```

27. 為作品集的圖像加入樣式，如下所示：

```
.portfolio-image {
  padding: 15px;
  background-color: #fff;
  margin-right: auto;
  margin-left: auto;
}
```

28. 另外也為圖像說明加上樣式，如下所示：

```
.portfolio-caption {
  font-weight: 500;
  margin-top: 15px;
  color: @gray;
}
```

29. 你覺得當滑鼠游標暫留在作品集圖像上時，出現一個轉換（transition）特效如何？這看起來很棒，有何不可呢？以這個例子來說，我想要當游標暫留於作品集圖像之上時，圖像的四周會顯示陰影。

30. 如下所示，使用Bootstrap的預設摻入件.transition()以及.boxshadow()來加入特效：

```
boxshadow(),
as follows:
.portfolio-image {
  padding: 15px;
  background-color: #fff;
  margin-right: auto;
  margin-left: auto;
  .transition(box-shadow 1s);
  &:hover {
    .box-shadow(0 0 8px fade(#000, 10%));
  }
}
```

31. 在作品集區塊的下方，有網站的聯絡表單，它已經套用了Bootstrap的預設樣式。所以，接下來讓我們來自訂出自己的樣式規則。

32. 首先，我們使用padding在聯絡表單的頂部及底部加上更多的空間。

33. 利用步驟24所建立的.heading摻入件來為標題加入樣式：

```
.portfolio-contact {
...
  h2 {
    &:extend(.heading);
  }
}
```

34. 這個表單目前佔滿了整個容器。因此，加上以下的樣式規則來設定最大寬度，不過仍然要顯示表單於容器的中間，如下所示：

```
.portfolio-contact {
...
  .form {
    width: 100%;
    max-width: 600px;
    margin-right: auto;
    margin-left: auto;
  }
}
```

35. 加入以下的樣式規則來讓表單元素<input>、<textarea>、<button>看起來更漂亮一些。這些樣式規會將陰影移除並且縮減了圓角半徑。如以下所示：

```
.portfolio-contact {
...
  .form {
```

```
  width: 100%;
  max-width: 600px;
  margin-right: auto;
  margin-left: auto;
  input, textarea, button {
    box-shadow: none;
    border-radius: @border-radius-small;
  }
 }
}
```

36. 加上以下這幾行來裝飾按鈕，並且還加入了轉換特效使它能夠顯得更加生動：

```
.portfolio-contact {
...
  .form {
  width: 100%;
  max-width: 600px;
  margin-right: auto;
  margin-left: auto;
  input, textarea, button {
    box-shadow: none;
    border-radius: @border-radius-small;
  }
  .btn {
    display: block;
    width: 100%;
    .transition(background-color 500ms);
  }
 }
}
```

37. 從這項步驟開始，我們會為網站的最後區塊 —— 頁腳，加上樣式規則。頁腳包含了社群媒體連結（Dribbble 與 Twitter），以及在最底部還有一個版權聲明。

38. 首先，如同先前的區塊，我們使用 padding 在區塊的頂部及底部加入更多空白：

```
.portfolio-footer {
  padding-top: 60px;
  padding-bottom: 60px;
}
```

39. 然後我們在社群媒體連結與版權聲明之間，使用 margin-bottom 放入更多的間距：

```
.portfolio-footer {
  padding-top: 60px;
  padding-bottom: 60px;
```

```
.social {
    margin-bottom: 30px;
}
}
```

40. 加入以下幾行來移除瀏覽器對於 `<ul>` 元素的預設 `padding`：

```
.portfolio-footer {
...
  .social {
    margin-bottom: 30px;
    ul {
      padding-left: 0;
    }
  }
}
```

41. 加上下列程式碼中有特別加粗的部分，將社群媒體連結排在同一列：

```
.portfolio-footer {
...
  .social {
    margin-bottom: 30px;
    ul {
      padding-left: 0;
    }
    li {
      list-style: none;
      display: inline-block;
      margin: 0 15px;
    }
  }
}
```

42. 將社群媒體連結根據相對應的品牌來加上顏色，如下所示：

```
.portfolio-footer {
...
  .social {
    ...
    a {
      font-weight: 600;
      color: @gray;
      text-decoration: none;
      .transition(color 500ms);
      &:before {
        display: block;
        font-size: 32px;
```

```
      margin-bottom: 5px;
    }
  }

  .twitter a:hover {
    color: #55acee;
  }
  .dribbble a:hover {
    color: #ea4c89;
  }
 }
}
```

 提示

可至 BrandColors 查閱更多熱門網站的顏色（http://brandcolors.net/）。

43. 最後，將版權聲明的顏色變更為灰色來讓它更隱約一些：

```
.portfolio-footer {
...
  .copyright {
    color: @gray-light;
  }
}
```

剛發生了什麼事？

在先前的步驟中，我們已對網站做出美化，藉由自訂了幾個 Bootstrap 的變數、並且編寫出我們自己的樣式表來達成。然後編譯 style.less 來產出最終的 CSS。你也可以從 Gist（http://git.io/-FWuiQ）取得我們所套用的所有樣式規則。

這個網站現在應該端得上檯面了，以下的擷圖顯示網站在桌上型版本上的樣貌：

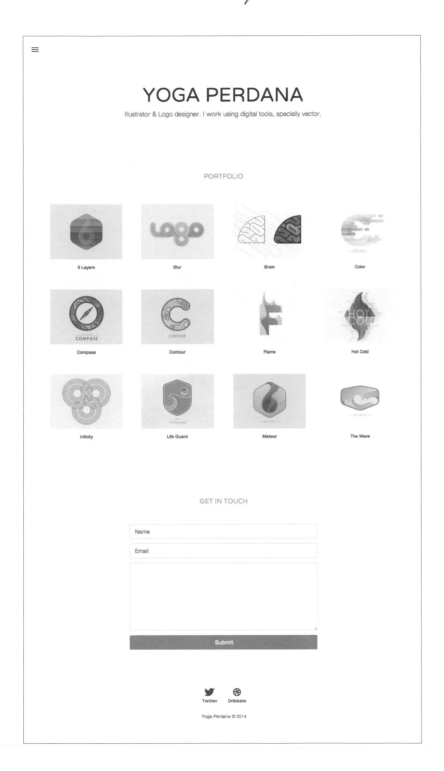

這個網站也可以自適應，其佈局會適應檢視區的寬度尺寸，如以下擷圖所示：

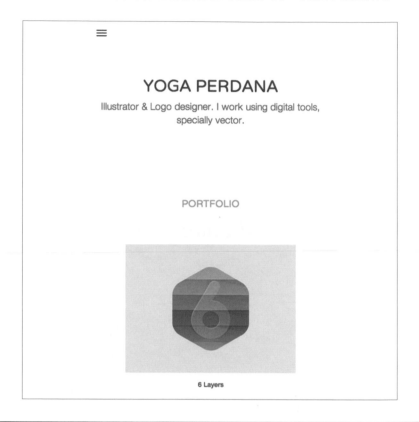

是該一展身手了 —— 展現更多創意

前面這節我們所應用的許多樣式規則只是示範性的。你也可以自行加入更多創意與自訂，例如：

- 繼續探索網站的色彩配置。利用方便的工具，例如Kuler（https://kuler.adobe.com/）來產生色彩配置。
- 套用不同的字型集。
- 利用CSS3呈現更多超棒的轉換特效。

小測驗 —— 使用 LESS 函式與延伸語法

Q1   如何使用 LESS 來讓顏色變淡一些？

1. `lighter(#000, 30%);`

2. `lighten(#000, 30%);`

3. `lightening(#000, 30%);`

Q2   如何讓顏色更透明？

1. `fadeout(#000, 10%);`

2. `transparentize(#000, 10%);`

3. `fade-out(#000, 10%);`

Q3   若要在 LESS 中延伸摻入件，下列何者是錯誤的作法？

1. `.class:extend(.another-class);`

2. `.class::extend(.another-class);`

3.
```
.class {
    :extend(.another-class);
}
```

利用 JavaScript 來改善網站或加入功能

外側導覽還沒有被啟動。倘若你點擊開關按鈕，外側導覽還不會滑進去。此外，倘若你是在 IE 8 上檢視作品集網站，你會有發現好幾個樣式規則沒有作用。這是因為 IE 8 不認識那些 HTML5 元素。為了解決這些問題，我們會使用到一些 JavaScript 函式庫。

是時候開始行動 —— 以Koala編譯 JavaScript

1. 在 `assets/js` 目錄建立一支名為 `html5shiv.js` 的 JavaScript 檔。

2. 在這支檔案裡匯入來自 HTML5Shiv 套件（請使用 Bower 下載該套件）的 `html5shiv.js`：

```
// @koala-prepend "../../bower_components/html5shiv/dist/html5shiv.js"
```

3. 建立一支名為 `bootstrap.js` 的 JavaScript 檔。

4. 在 `bootstrap.js` 匯入啟用外側導覽所需的 JavaScript 函式庫，如下所示：

```
// @koala-prepend "../../bower_components/jquery/dist/jquery.js"
// @koala-prepend "../../bower_components/bootstrap/js/transition.js"
// @koala-prepend "../../bower_components/jasny-bootstrap/js/offcanvas.js"
```

5. 開啟 Koala 並確認 `html5shiv.js` 及 `bootstrap.js` 的 **Auto Compile** 選項有勾選，如下圖所示：

6. 並且確認這兩支 JavaScript 檔的輸出路徑是設為 `/assets/js` 目錄，如下圖所示：

7. 如下所示在 Koala 點擊 **Compile** 按鈕來編譯這些 JavaScript 檔：

這些 JavaScript 檔被編譯之後，你會見到這些檔案的縮小化版本，也就是 `html5shiv.min.js` 與 `bootstrap.min.js`，如下所示：

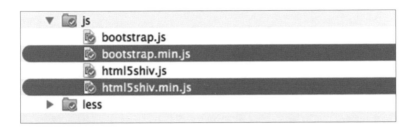

8. 在 Sublime Text 開啟 `index.html`，並在 `<head>` 區塊內使用 IE 條件式註解標籤來連結 `html5shiv.js`，如下所示：

```
<!--[if lt IE 9]>
<script type="text/javascript" src="assets/js/html5shiv.min.js"></
script>
 <![endif]-->
```

9. 在 `index.html` 的底部連結 `bootstrap.min.js`，如下所示：

```
<script type="text/javascript" src="assets/js/bootstrap.min.js"></script>
```

剛發生了什麼事？

我們剛編譯了 jQuery 以及 Bootstrap 的 JavaScript 函式庫來啟用外側功能。我們也針對 IE 8 使用 HTML5Shiv 來啟用 HTML5 元素。現在網站已經能夠正常運作。

 提示

你可以透過這個 Github 頁面（`http://tfirdaus.github.io/rwd-portfolio/`）來檢視網站。

外側導覽現在應該能夠滑進與滑出，而這些樣式應該也能夠在 IE 8 上檢視了。如以下擷圖所示：

滑入的外側導覽選單

總結

我們完成了本書的第二項專案。在這項專案中，我們使用 Bootstrap 建構一個作品集網站。Bootstrap 可以更容易且快速地建立出一個自適應網站，並且利用當中所提供的類別來建構網站元件。

除此之外，我們也使用名為 Jasny Bootstrap 的 Bootstrap 擴充套件，來加入外側導覽，這是 Bootstrap 所欠缺的自適應功能中最受歡迎的一項。接著我們使用 LESS 這款 CSS 預處理器來設計網站樣式，讓網站樣式規則的撰寫更具效率。

總之，我們在這項專案中做了許多事，來讓網站能夠順利運作。我期望你也從中學到了許多事物。

在下一章，我們將會使用 Foundation 框架來進行本書的第三項專案。讓我們繼續看下去吧！

第 7 章

使用 Foundation 來打造 商業應用的自適應網站

在如今這個年代，許多人都能夠上網。因此對於任何規模的公司，無論是一間小公司還是財富500大企業，擁有一個網站是很基本的設施。所以在本書的第三項專案，我們準備要來建構一個商業應用的自適應網站。

為了建構這個網站，我們將採用一款名為Foundation的框架。Foundation是由ZURB所建構，而ZURB是一間位於加州的產品設計公司。這是一款精心製作的框架，並且擁有許多具互動性的小工具（widget）。而在技術層面，Foundation樣式是建構在Sass與SCSS之上。因此，我們在進行這項專案課程時也會處理相關主題。

要進行這項專案，讓我們先假定你有一個商業點子。這樣講或許有些誇張，但就姑且說它是一個絕妙的點子，擁有百萬元商機以及改變世界的潛力。你已經醞釀出很棒的產品，現在該是時候要建立網站了。你現在非常興奮，準備要翻轉世界。

那麼，事不宜遲，讓我們開始進行專案。

本章主要是圍繞在Foundation上，我們準備要介紹的主題包括了：

- 在線框圖上檢視網站設計與佈局。
- 深入瞭解Foundation功能、元件以及其他附加部分。
- 管理專案目錄與素材資源。
- 利用Bower取得Foundation套件。
- 建構網站的HTML結構。

檢視網站佈局

首先，不同於先前兩項我們曾經做過的專案，在進到下一章節前，我們準備檢視線框圖內的網站佈局。檢視之後，我們會發掘出網站所需要的Foundation元件，以及Foundation套件可能無法滿足的元件及素材。以下是用於一般桌上型螢幕尺寸的網站佈局：

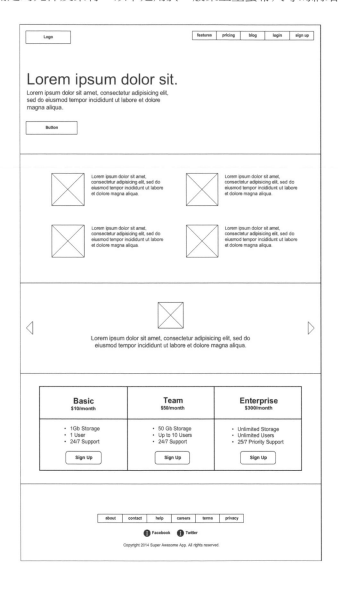

前面的網站線框圖，顯示出五個區塊。第一個區塊，很顯然就是頁首。頁首區塊包括了網站標誌、選單導覽、幾行標語以及一個按鈕 —— 或者許多人也稱之為行動呼召（call-to-action）按鈕。

注意

以下是幾個關於行動呼召按鈕的相關指引、實作以及範例。雖然這些是舊文章，不過其中的指引、技巧及原則都跟年份無關，到如今一樣適用。

■ 《Call to Action Buttons: Examples and Best Practices》(`http://www.smashingmagazine.com/2009/10/13/call-to-action-buttons-examples-and-best-practices/`)

■ 《"Call To Action" Buttons: Guidelines, Best Practices And Examples》(`http://www.hongkiat.com/blog/call-to-action-buttons-guidelines-best-practices-and-examples/`)

■ 《How To Design Call to Action Buttons That Convert》(`http://unbounce.com/conversion-rate-optimization/design-call-to-action-buttons/`)

通常人們在決定購買東西前需要盡可能取得產品好壞的相關資訊。所以在頁首下方，我們會顯示產品項目清單或產品的主要特色。

除了產品特色清單之外，我們也會利用網頁幻燈片（slider）來顯示客戶的見證。根據 www.entrepreneur.com 的文章（`http://www.entrepreneur.com/article/83752`），顯示客戶評價能夠促進客戶意願並提昇銷售，最終對生意是很有利的。

在客戶見證的區塊下，網站將會顯示方案與價格表。而最後的區塊則是頁腳，其中包含了次要的網站導覽，以及 Facebook 和 Twitter 的連結。

讓我們來看看在較小的檢視區尺寸，網站是如何佈局的，如下所示：

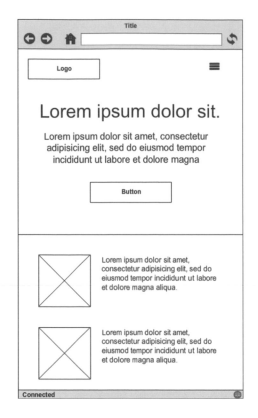

如同我們在先前專案中所建立的網站，這個網站的所有內容是層層疊起的。注目標語與行動呼召按鈕會對齊中心。導覽選單則是以一個漢堡圖示來表示。接著，我們來看看 Foundation 套件提供了哪些東西來建構網站。

深入 Foundation

Foundation（http://foundation.zurb.com）是最受歡迎的前端開發框架之一。有好幾間著名的公司都採用了這款框架，例如皮克斯（Pixar）、華盛頓郵報（Washington Post）以及 Warby Parker（https://www.warbyparker.com）等等。如前所述，Foundation 內建了一般的網頁元件以及互動式的小工具。在這裡我們將深入瞭解那些元件與小工具，並且準備應用在這個網站上。

網格系統

網格系統是作為一款框架不可或缺的重要部分。它能夠讓網頁佈局的管理變得很輕鬆。Foundation 的網格系統是由 12 欄所組成，可以透過所提供的類別來適應較窄的檢視區尺寸。就如同我們在前面幾章所探討過的框架，這個網格包括了列與欄。每一欄都以適當的間距包覆在列中。

在 Foundation，我們使用 row 類別來將元素定義為列，並以 columns 或 column 類別來將元素定義為欄。舉例來說：

```
<div class="row">
<div class="columns">
</div>
<div class="columns">
</div>
</div>
```

你也可以省略 columns 的 s，如下所示：

```
<div class="row">
<div class="column">
</div>
<div class="column">
</div>
</div>
```

欄的尺寸是透過以下類別來定義的：

- small-{n}：小型檢視區尺寸範圍的網格欄寬度（大約 0px - 640px）
- medium-{n}：中型檢視區尺寸範圍的網格欄寬度（大約 641px - 1024px）
- large-{n}：大型檢視區尺寸範圍的網格欄寬度（大約 1025px - 1440px）

注意

我們在前面類別所表示的 {n} 變數，指的是從 1 到 12 的跨距（span）數值。一列中所有欄的數值總和不應超過 12。

這些類別可以在單一元素中一併使用，例如：

```
<div class="row">
<div class="small-6 medium-4 columns"></div>
<div class="small-6 medium-8 columns"></div>
</div>
```

前面的例子會在瀏覽器中得到以下結果：

請將檢視區縮小，直到欄的寬度比例根據所指定的類別而變化。在這個例子中，每一欄都有相等的寬度，因為兩個都是指定為 small-6 類別：

注意

基本上你可以藉由拖曳瀏覽器視窗來調整檢視區大小。不過倘若你使用的是 Chrome，你也可以使用裝置模式（device mode），以及行動裝置模擬器（mobile emulator）（https://developer.chrome.com/devtools/docs/device-mode）。或者倘若你使用的是 Firefox，你則可以使用自適應設計檢視（https://developer.mozilla.org/en-US/docs/Tools/Responsive_Design_View），這可以讓你不需要拖曳 Firefox 視窗也能夠調整檢視區大小。

按鈕

按鈕元件對於任何類型的網站應該都很有用，我們必然會在網站某處加上一個按鈕。Foundation 使用 button 類別來將元素定義為按鈕。你可以指定類別給諸如 <a> 與 <button> 這些元素。這個類別具有預設的按鈕樣式，如以下擷圖所示：

另外,你可以加入其他類別來定義按鈕顏色或文字內容。你可以使用secondary、success以及alert類別來設定按鈕顏色:

你也可以使用tiny、small、large等類別來指定按鈕大小::

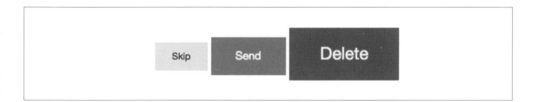

使用radius或round類別來讓按鈕帶點圓角,讓它看起來更別緻一點:

注意

還有一些其他用於按鈕的類別。Foundation也提供了多種類型的按鈕,例如按鈕組(button groups)、拆分按鈕(split buttons)以及下拉式按鈕(dropdown buttons)。因此,你可以至Foundation文件的 **Buttons** 部份來取得更多相關資訊。

導覽與頂欄

網站的其中一個重要區塊是導覽。導覽可以協助使用者從網站某頁前往至另一頁。Foundation 也提供了幾個導覽類型，而其中一種便是頂欄（top bar）。Foundation 的頂欄位於網站最上方，在任何內容或區塊之前。以下是 Foundation 預設的頂欄樣式：

頂欄是自適應的。試著縮小瀏覽器的檢視區，你會發現導覽會被隱藏起來，不過我們仍可以點擊 **MENU** 來揭示所有的選單項目：

Foundation 頂欄主要是以 `top-bar` 類別來套用樣式，`data-topbar` 屬性則是執行頂欄的相關 JavaScript 函式，而最後的 `role="navigation"` 則定義了更好的無障礙體驗。

所以，我們使用下列程式碼在 Foundation 中建立一個頂欄：

```
<nav class="top-bar" data-topbar role="navigation">
...
</nav>
```

Foundation 會將頂欄內容拆成兩個區塊。左側區塊是標題區，包含了網站名稱或標誌。Foundation 使用 list 元素建構這個區塊，如下所示：

```
<ul class="title-area">
<li class="name">
    <h1><a href="#">Hello</a></h1>
  </li>
  <li class="toggle-topbar menu-icon">
<a href="#"><span>Menu</span></a>
</li>
</ul>
```

第二個區塊即是頂欄區。通常這個區塊包含了選單、按鈕以及搜尋表單。Foundation 使用 top-bar-section 類別來設定區塊，並且使用 left 與 right 類別來設定對齊方式。所以，使用它們的結果就如前面的擷圖所示，會建構出基本的 Foundation 頂欄。以下則是完整的程式碼：

```
<nav class="top-bar" data-topbar role="navigation">
  <ul class="title-area">
    <li class="name">
      <h1><a href="#">Hello</a></h1>
    </li>
    <li class="toggle-topbar menu-icon">
<a href="#"><span>Menu</span></a>
</li>
  </ul>
<section class="top-bar-section">
    <ul class="right">
      <li class="active"><a href="#">Home</a></li>
      <li><a href="#">Blog</a></li>
      <li><a href="#">About</a></li>
      <li><a href="#">Contact</a></li>
    </ul>
  </section>
</nav>
```

當然，你需要在文件中先連結 Foundation 的樣式表，才能見到頂欄的實際結果。

售價表

無論你是要販售產品還是服務，你都應該要訂定你的售價。

由於我們是建構一個商業用途的網站，因此我們需要顯示出售價表。幸好，Foundation 已經將這個元件含括進去，因此我們便不需要使用第三方的擴充套件。為了增加彈性，Foundation 使用 list 元素來建構售價表，如下所示：

```
<ul class="pricing-table pricing-basic">
   <li class="title">Basic</li>
   <li class="price">$10<small>/month</small></li>
   <li class="description">Perfect for personal use.</li>
   <li class="bullet-item">1GB Storage</li>
   <li class="bullet-item">1 User</li>
   <li class="bullet-item">24/7 Support</li>
<li class="cta-button">
```

```
<a class="button success round" href="#">Sign Up</a>
</li>
</ul>
```

列表中的每個項目都設定了類別，我想這些類別名稱就足以表達出它們的作用。透過
Foundation的CSS來為HTML結構加入預設樣式。輸出變得漂亮多了，如以下擷圖所
示：

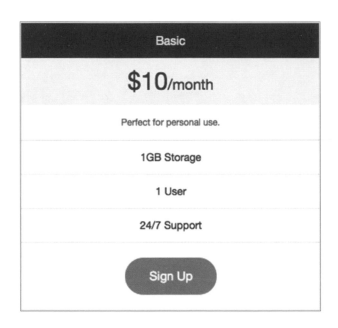

沿著 Orbit（軌道）移動

轉盤（carousel）或幻燈片是網頁最受歡迎的設計模式之一。儘管它的無障礙性可能有些
問題，許多人還是喜歡在網站上加上這項設計，所以我們也打算這麼做。在這裡我們
會採用Orbit（http://foundation.zurb.com/docs/components/orbit.html），這是
Foundation用來將內容以幻燈片效果顯示的jQuery外掛程式（plugin）。

Orbit是可以自訂的，我們可以透過類別、屬性或者JavaScript來完全控制幻燈片的輸出
及行為。我們幾乎可以在Orbit幻燈片內加入任何東西，包括了文字內容、圖像、連結
（link）、或混合內容。我想不用多說，這大部分都是能夠加以裝飾的。

如何建構 Orbit？

Foundation 使用 `list` 元素來建構幻燈片容器和幻燈片，並使用名為 `data-orbit` 的 HTML5 data- 屬性初始化這項功能。以下是 Orbit 幻燈片的結構，其中包含了兩張圖像：

```
<ul class="example-orbit" data-orbit>
<li><img src="image.jpg" alt="" /></li>
<li class="active"><img src="image2.jpg" alt="" /></li>
</ul>
```

Orbit 的使用超級容易，在技術上它可以放入任何型態的內容，而不只是圖片而已。我們在建構網站時還會繼續更多這方面的內容。

 注意

目前你也可以先在 Foundation 的官方網站自行探索 Orbit 幻燈片的部分（`http://foundation.zurb.com/docs/components/orbit.html`），就我個人認為，這是深入瞭解 Orbit 幻燈片的最佳去處。

加入附加元件 —— 字型圖示（font icon）

Foundation 也提供了許多方便的附加元件（add-ons），網站圖示（`http://zurb.com/playground/social-webicons`）便是其中之一，而我們一定會需要社群圖示。由於這些圖示基本上都是向量圖，所以它們可以無限制的伸縮。因此在任何的螢幕解析度上，無論是一般的還是高畫質的，都依然能夠保持銳利與清晰。請看一下這個圖示組：

圖示組中的標誌符號

除了這個圖示組，你也可以取得以下資源：

- 起始模板的集合（http://foundation.zurb.com/templates.html），這對於新網站或網頁的起始建構很有幫助。

- 自適應表格（http://foundation.zurb.com/responsive-tables.html）。

- 樣板（http://foundation.zurb.com/stencils.html），這可以協助建構新網站的草圖與原型。

更多關於 Foundation

探討 Foundation 的所有內容會超出本書的範疇。目前為止我們所涉及的這些框架內容，是我們準備要應用在這項專案及網站的最基本元件。

幸好，Packt Publishing 有出版幾本專門針對 Foundation 主題的著作。倘若你想繼續深入瞭解這款框架，我建議你可以閱讀這些著作：

- 《Learning Zurb Foundation》（Kevin Horek，Packt Publishing）（https://www.packtpub.com/web-development/learning-zurb-foundation）

- 《ZURB Foundation Blueprints》（James Michael Stone，Packt Publishing）（https://www.packtpub.com/web-development/zurb-foundation-blueprints）

其他所需要的素材資源

除了 Foundation 所提供的元件外，我還需要一些其他的檔案。這些檔案包括：網站頁首的封面圖片、小圖示（favicon）、用於 Apple 裝置的圖示、見證區塊的顧客頭像（avatar）、以及最重要的網站標誌（logo）。

在頁首圖像的部分，我們會使用以下由 Alejandro Escamilla 所拍攝的照片，主要是呈現一個人正在使用 Macbook Air，雖然其螢幕畫面似乎是關閉的（http://tumblr.unsplash.com/post/51493972685/download-by-alejandro-escamilla）：

我們會使用由 Ballicons（http://ballicons.net）的 Nick Frost 所設計的圖示，用於顯示旁邊的特色清單項目。以下這幾個是我們從中取得將要使用在這個網站上的圖示：

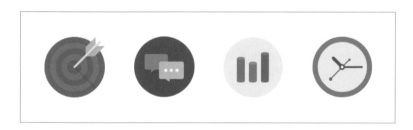

以下是小圖示（favicon）及 Apple 圖示，這是藉由 AppIconTemplate（http://appicontemplate.com/）所產出的：

小圖示與 Apple 圖示

我們將借用 WordPress 的神秘人物（Mystery Man）作為預設的人物頭像。這個頭像將會顯示在顧客見證上，該圖像如下所示：

神秘人物

網站的標誌為了清晰以及可伸縮的緣故採用 SVG 格式。這個標誌如以下擷圖所示：

你可以從本書附帶的原始檔取得這些素材資源，或者你也可以從先前曾經提及的網址來下載這些素材。

專案目錄、素材資源與依賴件

在評估完網站佈局、框架功能以及所需的所有素材後，我們將開始這項專案。在這裡，我們要規劃專案目錄與檔案的配置。並且我們也會如同先前的 Bootstrap 專案，透過 Bower 來取得並紀錄所有的依賴件，是時候開始行動了。

是時候開始行動 —— 組織專案目錄、素材支援以及依賴件

1. 在 htdocs 資料夾裡，建立一個名為 startup 的資料夾。這是存放我們網站的資料夾。

2. 在 startup 資料夾裡，建立一個名為 assets 的資料夾來包含所有的素材資源，例如樣式表、JavaScript 和圖像等等。

3. 在 `assets` 資料夾裡，建立下列資料夾來收納素材資源：

   - `css`：放置樣式表。

   - `js`：放置 JavaScript。

   - `scss`：放置 SCSS 樣式表（下一章會有更多關於 SCSS 的說明）。

   - `img`：放置圖像。

   - `fonts`：放置字型圖示。

4. 將所需的圖像全數放入，包括網站標誌、頁首圖像、圖示與頭像，如下圖所示：

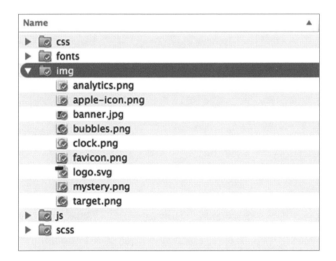

5. 現在，我們要下載專案的依賴件，其中包括了 Foundation 框架、圖示、jQuery 以及其他的
   函式庫。所以請開啟終端機（Windows 則是開啟提示命令字元），然後以 cd 指令切換至專
   案目錄：

   - Windows：`cd \xampp\htdocs\startup`

   - OSX：`cd /Applications/XAMPP/htdocs/startup`

   - Ubuntu：`cd /opt/lampp/htdocs/startup`

6. 如同先前的第二項專案，請輸入指令並根據提示設定專案的規格，其中包含專案名稱及
   專案版本等等，如下圖所示：

```
→  startup git:(terminal)   bower init
[?] name: startup
[?] version: 1.0.0
[?] description: An example of corporate website built
[?] main file: index.html
[?] what types of modules does this package expose? global
[?] keywords: startup, responsive, foundation
[?] authors: Thoriq Firdaus <tfirdaus@creatiface.com>
[?] license: MIT
[?] homepage: https://github.com/tfirdaus/rwd-startup
[?] set currently installed components as dependencies?
[?] add commonly ignored files to ignore list? Yes
[?] would you like to mark this package as private which
```

當所有的問題提示都填寫完後，Bower會產生一支名為bower.json的檔案來存放所有資訊。

7. 在繼續安裝專案的依賴件之前，我們將設定依賴件資料夾的存放目的地。請建立一支以點(.)為開頭的檔案「.bowerrc」，並寫入以下內容：

```
{
  "directory": "components"
}
```

上述內容會指示Bower將資料夾命名為components而不是預設的bower_components。在設置完成之後，我們已準備好要安裝函式庫，先從安裝Foundation套件開始。

8. 利用Bower來安裝Foundation套件，輸入bower install foundation --save。請確定有加上--save參數，這樣Foundation才會被紀錄到bower.json檔內。

 注意

除了Foundation的主要套件（例如樣式表與JavaScript的檔案）之外，這個指令也會抓取跟Foundation所依賴的函式庫，也就是以下這些：

Fastclick（https://github.com/ftlabs/fastclick）

jQuery（http://jquery.com/）

jQuery Cookie（https://github.com/carhartl/jquery-cookie）

jQuery Placeholder（https://github.com/mathiasbynens/jquery-placeholder）

Modernizr（http://modernizr.com/）

9. Foundation字型圖示則是獨立的套件，需要另外安裝。請輸入 `bower install foundation-icons --save` 指令。

10. Foundation字型圖示套件包含了圖示的檔案以及相關的樣式表。不過在這裡我們只需要從套件資料夾複製一份字型到我們自己的 `fonts` 資料夾。如以下擷圖所示：

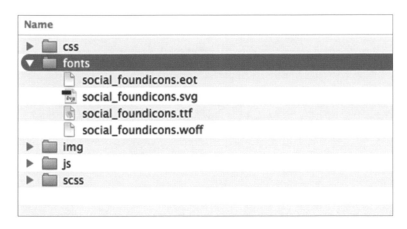

剛發生了什麼事？

我們剛剛建立了專案目錄與資料夾來組織專案的素材資源。除此之外，我們也透過 Bower 來安裝建構網站所需的函式庫，其中包括了 Foundation 框架。

在加入圖像與函式庫之後，我們將會在下一節建構網站的首頁標記。所以事不宜遲，讓我們繼續前進，是時候再次開始行動。

是時候開始行動 —— 建構網站的 HTML 結構

1. 建立一支名為 `index.html` 的 HTML 檔。然後使用 Sublime Text 開啟它。

2. 加入基本的 HTML5 結構如下：

```
<!DOCTYPE html>
<html lang="en">
```

```
<head>
  <meta charset="UTF-8">
  <title>Startup</title>
</head>
<body>

</body>
 </html>
```

3. 加入以下的元標籤，指示 IE 使用其最尖端的引擎版本：

```
<meta http-equiv="X-UA-Compatible" content="IE=edge">
```

4. 不要忘記加入檢視區元標籤來讓網站自適應，在 `<head>` 內加入以下內容：

```
<meta name="viewport" content="width=device-width, initialscale=1">
```

5. 在檢視區元標籤下方加入小圖示與 Apple 圖示，如下所示：

```
<link rel="apple-touch-icon" href="assets/img/apple-icon.png">
<link rel="shortcut icon" href="assets/img/favicon.png"
 type="image/png">
```

6. 加入用於搜尋引擎結果頁面的描述元標籤：

```
<meta name="description" content="A startup company website built using Foundation">
```

7. 如同我們在先前章節所提及的，我們會根據 Foundation 的指引來製作內容的 HTML 標記。除此之外，我們可以在元素中加入額外的類別來自訂樣式。我們從加入網站的 `<header>` 來開始，請在 `<body>` 內加入以下這幾行：

```
<header class="startup-header">
...
 </header>
```

8. 接下來，在頁首加入網站導覽如下：

```
<header class="startup-header">
<div class="contain-to-grid startup-top-bar">
<nav class="top-bar" data-topbar>
    <ul class="title-area">
          <li class="name startup-name">
                <h1><a href="#">Startup</a></h1>
              </li>
<li class="toggle-topbar menu-icon">
                <a href="#"><span>Menu</span></a>
</li>
```

```
</ul>
        <section class="top-bar-section">
          <ul class="right">
                <li><a href="#">Features</a></li>
<li><a href="#">Pricing</a></li>
<li><a href="#">Blog</a></li>
<li class="has-form log-in"><a href="" class="button secondary
round">Log In</a></li>
<li class="has-form sign-up"><a href="#" class="button round">Sign
Up</a></li>
              </ul>
</section>
</nav>
</div>
</header>
```

9. 在導覽欄的 HTML 標記底下，我們加入注目標語與行動呼召按鈕，如下所示：

```
<header class="startup-header">
...
<div class="panel startup-hero">
        <div class="row">
<h2 class="hero-title">Stay Cool and be Awesome</h2>
<p class="hero-lead">The most awesome web application in the
galaxy.</p>
</div>
        <div class="row">
<a href="#" class="button success round">Signup</a>
        </div>
</div>
</header>
```

10. 接下來，我們加入網站的主體內容（body content），其中包含了產品功能列表區塊、客戶見證區塊以及方案售價表。首先，在頁首之後加入一個包覆主體內容區塊的 `<div>`，如下所示：

```
<div class="startup-body">
...
 </div>
```

11. 在 `<div>` 內，我們為功能列表區塊加入 HTML 標記，如下所示：

```
<div class="startup-body">
<div class="startup-features">
<div class="row">
```

```
      <div class="medium-6 columns">
          <div class="row">
              <div class="small-3 medium-4 columns">
              <figure>
<img src="assets/img/analytics.png" height="128" width="128"
alt="">
              </figure>
</div>
      <div class="small-9 medium-8 columns">
        <h4>Easy</h4>
<p>This web application is super easy to use. No complicated
setup. It just works out of the box.</p>
 </div>
          </div>
          </div>
            <div class="medium-6 columns">
                <div class="row">
<div class="small-3 medium-4 columns">
                    <figure>
                    <img src="assets/img/clock.png" height="128"
width="128" alt="">
                    </figure>
                        </div>
                        <div class="small-9 medium-8 columns">
                            <h4>Fast</h4>
                            <p>This web application runs in a
blink of eye. There is no other application that is on par with
our application in term of speed.</p>
                        </div>
                    </div>
                </div>
            </div>
            <div class="row">
                <div class="medium-6 columns">
                    <div class="row">
<div class="small-3 medium-4 columns">
                        <figure>
<img src="assets/img/target.png" height="128" width="128" alt="">
</figure>
                        </div>
<div class="small-9 medium-8 columns">
    <h4>Secure</h4>
<p>Your data is encyrpted with the latest Kryptonian technology.
It will never be shared to anyone. Rest assured, your data is
totally safe.</p>
                        </div>
                    </div>
```

```
                </div>
                <div class="medium-6 columns">
                    <div class="row">
                        <div class="small-3 medium-4 columns">
                            <figure>
                                <img src="assets/img/bubbles.png"
height="128" width="128" alt="">
                            </figure>
                        </div>
                        <div class="small-9 medium-8 columns">
                            <h4>Awesome</h4>
                            <p>It's simply the most awesome web
application and make you the coolest person in the galaxy. Enough
said.</p>
                        </div>
</div>
            </div>
        </div>
</div>
 </div>
```

這個區塊的欄位區隔是參照網站線框圖的佈局。因此你可以看到在我們所剛加入的程式碼裡，每一個列表項目都是設定為 medium-6 columns，所以每一個項目的欄寬度都會相等。

12. 在功能列表區塊底下，我們加入客戶見證區塊的 HTML 標記，如下所示：

```
<div class="startup-body">
...
<div class="startup-testimonial">
            <div class="row">
                <ul class="testimonial-list" data-orbit>
                    <li data-orbit-slide="testimonial-1">
                        <div>
                            <blockquote>Lorem ipsum dolor sit
amet, consectetur adipisicing elit. Dolor numquam quaerat
doloremque in quis dolore enim modi cumque eligendi eius.</
blockquote>
                            <figure>
                                <img class="avatar" src="assets/
img/mystery.png" height="128" width="128" alt="">
                                <figcaption>John Doe</figcaption>
                            </figure>
                        </div>
                    </li>
                    <li data-orbit-slide="testimonial-2">
```

```
                    <div>
                        <blockquote>Lorem ipsum dolor sit
amet, consectetur adipisicing elit.</blockquote>
                        <figure>
                        <img class="avatar" src="assets/
img/mystery.png" height="128" width="128" alt="">
                            <figcaption>Jane Doe</figcaption>
                        </figure>
                    </div>
                </li>
            </ul>
        </div>
    </div>
 </div>
```

13. 根據線框圖的佈局，我們應該在客戶見證詞區塊下加入售價表，如下所示：

```
<div class="startup-body">
<!-- ... feature list section … -->
<!-- ... testimonial section … -->
<div class="startup-pricing">
        <div class="row">
            <div class="medium-4 columns">
                <ul class="pricing-table pricing-basic">
                    <li class="title">Basic</li>
                    <li class="price">$10<small>/month</
small></li>
                    <li class="description">Perfect for
personal use.</li>
                    <li class="bullet-item">1GB Storage</li>
                    <li class="bullet-item">1 User</li>
                    <li class="bullet-item">24/7 Support</li>
                    <li class="cta-button"><a class="button
success round" href="#">Sign Up</a></li>
                </ul>
            </div>
            <div class="medium-4 columns">
                <ul class="pricing-table pricing-team">
                    <li class="title">Team</li>
                    <li class="price">$50<small>/month</
 small></li>
<li class="description">For a small
team.</li>
                    <li class="bullet-item">50GB Storage</li>
                    <li class="bullet-item">Up to 10 Users</
li>
                    <li class="bullet-item">24/7 Support</li>
                    <li class="cta-button"><a class="button
```

```
success round" href="#">Sign Up</a></li>
                    </ul>
            </div>
            <div class="medium-4 columns">
                <ul class="pricing-table pricing-enterprise">
                    <li class="title">Enterprise</li>
                    <li class="price">$300<small>/month</
small></li>
                    <li class="description">For large
corporation</li>
                    <li class="bullet-item">Unlimited
Storage</li>
                    <li class="bullet-item">Unlimited Users</
li>
                    <li class="bullet-item">24/7 Priority
Support</li>
                    <li class="cta-button"><a class="button
success round" href="#">Sign Up</a></li>
                </ul>
            </div>
        </div>
    </div>
 </div>
```

14. 最後，讓我們在主體內容下方加入網站頁腳，如下所示：

```
</div> <!--the body content end -->
<footer class="startup-footer">
    <div class="row footer-nav">
        <ul class="secondary-nav">
            <li><a href="#">About</a></li>
            <li><a href="#">Contact</a></li>
            <li><a href="#">Help</a></li>
            <li><a href="#">Careers</a></li>
            <li><a href="#">Terms</a></li>
            <li><a href="#">Privacy</a></li>
        </ul>
        <ul class="social-nav">
            <li><a class="foundicon-facebook"
href="#">Facebook</a></li>
            <li><a class="foundicon-twitter"
href="#">Twitter</a></li>
        </ul>

    </div>
    <div class="row footer-copyright">
        <p>Copyright 2014 Super Awesome App. All rights
```

```
reserved.</p>
        </div>
    </footer>
</body>
```

剛發生了什麼事？

我們依循 Foundation 的指引為網站內容及區塊建構了 HTML 標記。並且我們也加入了額外的類別，準備在之後自訂 Foundation 預設樣式。

HTML 標記已建構完成，不過我們還沒有加入任何樣式，此時的網站看起來很單調，如下圖所示：

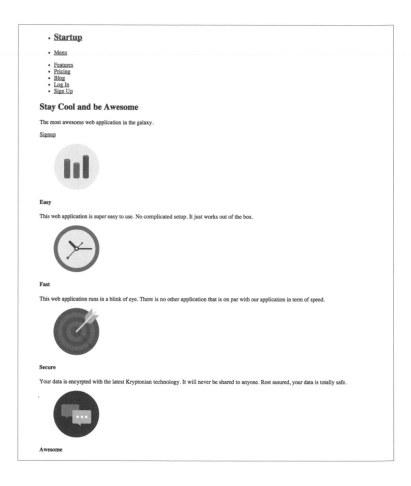

提示

我們所加入的完整 HTML 程式碼，可以至以下網址取得：`http://git.io/qvdupQ`。

總結

本章很有效率的開始了我們的第三項專案。我們在專案中使用 Foundation 來建構一間新創公司的網站。我們簡介了 Foundation 的功能，並採用其中一部分應用在這個網站上。在這一章我們只有加入網站的 HTML 結構，所以網站此時看起來還很樸素而且單調。我們必須要編寫樣式表來改善網站的質感，這便是我們在下一章要做的工作。

我們會使用 Saas 來編寫樣式表，而 Foundation 自身也是使用 Sass 來定義基本樣式。因此，在下一章一開始，我們在撰寫網站樣式之前會先學習使用 Sass 變數、摻入件、函式以及其他的 Sass 功能。

看起來還有好多工作需要進行才能完成這項專案。所以事不宜遲，趕快進到下一章吧。

第 8 章

Foundation 的進一步擴展

在前面一章建構了網站頁面標記之後，我們現在要開始幫網站加上外觀、設定質感與色系。這次我們將使用 **Sassy CSS**（**SCSS**），而這也正是 Foundation 預設樣式的底層語法。

SCSS 是 Sass 的一種語法變體。Sass 的原始語法是使用縮排格式，讓程式碼看起來更工整。而 SCSS 則使用大括號和分號，就如同一般的 CSS。SCSS 與 CSS 的相似之處有助於快速掌握語法，特別是對 Sass 還很陌生的新手而言。

由於我們準備採用 SCSS，本章我們將開始介紹幾項 Sass 功能以及它的工具。你將學會如何從中定義變數和函式、進行運算以及其他能夠讓我們更有效率地編寫網站樣式規則的指令。

這會有些挑戰。倘若你喜歡接受挑戰，我們可以馬上開始進行。

本章會涵蓋以下主題：

■ 探索 Sass 功能與學習它的語法。

■ 深入 Bourbon，這是一個 Sass 摻入件的函式庫。

■ 組織樣式表結構並使用匯入指令來加入部分樣式表。

■ 設定 Koala 來編譯 SCSS 至 CSS。

■ 透過變數來自訂 Foundation 的預設樣式。

■ 編寫網站的自訂樣式。

■ 根據不同的檢視區大小，對網站佈局做最佳化。

■ 使用 JavaScript 讓網站更生動。

探索Sass（Syntactically Awesome Style Sheets）

Sass（`http://sass-lang.com/`）是一款由Hampton Catlin、Natalie Weizenbaum以及Chris Eppstein所建立的CSS預處理器，他們也是建立Haml（`http://haml.info`）的同一組團隊。如同本章一開始所述，Foundation也使用Sass來產出CSS。所以在我們實際動手之前，首先我們需要先探索幾項Sass功能，例如嵌套（nesting）、變數、摻入件以及函式等等，這些可以讓我們更有效率的撰寫樣式表。

嵌套規則

Sass可以讓我們嵌套樣式規則至另一個。這項功能終於能夠讓我們撰寫類似於網頁HTML結構的樣式規則。藉由這個方式，樣式規則會更簡潔，且更容易瀏覽。譬如說，我們先加入網站的頁首標記，如下所示：

```
<header>
  <h1><a href="#">Website</a></h1>
</header>
```

然後利用Sass，我們可以建構樣式規則如下：

```
header {
  background: #000;
h1 {
  margin: 0;
  a {
    color: #fff;
  }
 }
}
```

值得注意的是，即使Sass可以讓你嵌套樣式規則，你也不該濫用這項功能。所以程式碼並不應該寫成這樣：

```
body {
  nav {
    ul {
      li {
        a {
          &:before {
          }
```

```
            }
          }
        }
      }
    }
}
```

使用嵌套樣式規則需要慎重考量。這項功能的主要目的是讓樣式規則更簡潔，並且容易檢視，而不是讓它複雜化。

以變數來儲存值

在程式語言中，變數是可以讓我們以指定名稱來儲存值的有用方法。每一個語言的變數宣告方式可能都有所不同。舉例來說，JavaScript 使用關鍵字 var、LESS 使用 @，而 Sass 則使用 $ 符號。

將變數應用於網站顏色的定義是非常合適的，如下所示：

```
$primary: #000;
$secondary: #bdc3c7;
$tertiary: #2ecc71;
$quaternary: #2980b9;
$quinary: #e67e22;
```

如此一來便無須多次寫入重複的顏色值，我們只要使用代表該值的變數即可。在以下的例子，我們將 $primary 作為主體的文字顏色，而 $secondary 則作為背景顏色：

```
body {
  background-color: $secondary;
  color: $primary;
}
```

在編譯至一般的 CSS 之後，這些變數會由所定義的值來代替，如下所示：

```
body {
  background-color: #bdc3c7;
  color: #000;
}
```

以適當（這可是基本要素）的名稱來使用變數，你便會發現寫入變數比記住十六進位或 RGB 的數值還來得輕鬆許多。寫入 $primary 實際上比寫入 #bdc3c7 還來得簡單，不是嗎？

不過Sass變數並不只限於定義顏色而已，首先我們也可以使用變數來定義字串或文字，如下所示：

```
$var: "Hello World";
$body-font-family: "Helvetica Neue";
```

使用變數來儲存數值或長度：

```
$number: 9;
$global-radius: 3px;
```

使用變數來繼承另一個變數的值：

```
$var: $anotherVar;
$header-font-family: $body-font-family;
```

使用變數取得函式的輸出結果：

```
$h1-font-size: rem-calc(44);
```

Foundation將它所宣告的主要變數集中在一支名為 _settings.scss 的檔案中。稍後我們在編寫網站的樣式規則時將進一步深入這部分。

變數內插（interpolation）

但在一些狀況下使用變數是需要特別留意的，例如當它被插進一個字串（純文字）中，如下所示：

```
$var: "Hello";
$newVar: "$var World";
div {
  content: $newVar;
}
```

$newVar 內的 $var 在編譯後並不會被取代為「Hello」，這是因為 Sass 會將 $var 視為字串而非變數。因此輸出結果會是：

```
div {
  content: "$var World";
}
```

另一種會使得變數出現問題的狀況是當 @ 規則或指令欲取用變數時，如下所示：

```
$screen-size: (max-width: 600px);
@media $screen-size {
  div {
    display: none;
  }
}
```

這個例子會回傳錯誤給 Sass 編譯器，因為 @media 後面必須是 print 或 screen 關鍵字。

在這些情況下我們便必須利用內插來取用變數。變數內插也存在於其他程式語言中，例如 PHP、Ruby 以及 Swift。不過我並未打算說明其技術細節，因為其實我也不是很清楚。簡單來說，內插可以讓我們在原本變數無法順利使用的地方嵌入變數，尤其是在必須輸出字串的地方。

每一種程式語言都有啟用內插的符號，Sass 使用的是 #{}。以前面的例子來說，我們可以將變數如下撰寫：

```
$var: "Hello";
$newVar: "#{$var} World";
div {
  content: $newVar;
}
```

結果如下：

```
div {
  content: "Hello World";
}
```

注意

有關於 Sass 變數內插的進一步資訊，可參閱 Hugo Giraudel 的文章 (http://webdesign.tutsplus.com/tutorials/all-you-ever-need-to-know-about-sass-interpolation--cms-21375)。

利用摻入件重複使用程式碼區塊

現在我們準備進一步瞭解 Sass 的摻入件。倘若你已完成第二項專案，你應該已經瞭解 LESS 的摻入件。摻入件無論是在 Sass 或 LESS 上都是相同的目的，它們能夠讓開發者在樣式表中重複使用特定的程式碼區塊和樣式規則，如此一來也遵從了 **DRY** 原則（http://programmer.97things.oreilly.com/wiki/index.php/Don't_Repeat_Yourself）。然而在這兩者之間，如何具體的宣告以及重複使用摻入件還是有些許差異。以下是我們在 LESS 宣告摻入件的方式：

```
.buttons {
  color: @link-color;
  font-weight: normal;
  border-radius: 0;
}
```

在 Sass，我們則使用 @mixins 指令來建立摻入件，舉例如下：

```
$linkColor: $tertiary;
@mixin buttons {
  color: $linkColor;
  font-weight: normal;
  border-radius: 0;
}
```

Sass 使用 @include 指令來重複使用先前樣式規則內的程式碼區塊。以前面為例，我們可以撰寫：

```
.button {
    @include buttons;
}
```

以下則是編譯為 CSS 的輸出結果：

```
.button {
  color: #2ecc71;
  font-weight: normal;
  border-radius: 0;
}
```

而以上便是 Sass 摻入件的基本範例。

Sass 摻入件函式庫簡述

某些 CSS3 語法是很複雜的，編寫起來會成為一件很繁瑣的工作。這便是為什麼會需要使用摻入件的原因。幸好 Sass 相當受到歡迎，有許多無私奉獻的開發者給予支援。因此我們便不需要自行將 CSS3 語法轉換為 Sass 摻入件，相反的我們只需要採用既有的 Sass 摻入件函式庫，就可以讓我們的工作輕鬆許多。

Sass 函式庫會提供許多實用的摻入件及函式（不久我們會討論到函式）。目前已經有許多很受歡迎的函式庫，其中一個我們準備要在這邊使用的是 Bourbon（`http://bourbon.io`）。

Bourbon 收納了許多摻入件，簡化我們使用 CSS3 語法的方式，其中還包括了尚處於實驗階段的語法，例如 `image-rendering`、`filter` 以及 CSS3 的 `calc` 函式。現在，如果要設定高 DPI 媒體查詢，你認為哪一種撰寫方式會更容易且更快呢？

注意

高 DPI 媒體查詢是用來量測裝置的像素密度，我們可以根據這項資訊在網頁上傳遞高解析度的圖形，特別是在高畫質的螢幕上。以下是有關於這項主題的進一步資訊：

- Boris Smus 的《High DPI Images for Variable Pixel Densities》(`http://www.html5rocks.com/en/mobile/high-dpi/`)。

- Reda Lemeden 的《Towards A Retina Web》(`http://www.smashingmagazine.com/2012/08/20/towards-retina-web/`)。

是以下的標準語法？

```
@media only screen and (-webkit-min-device-pixel-ratio: 2),
only screen and (min--moz-device-pixel-ratio: 2),
only screen and (-o-min-device-pixel-ratio: 2 / 1),
only screen and (min-resolution: 192dpi),
only screen and (min-resolution: 2dppx) {
width: 500px;
}
```

還是使用Bourbon摻入件的版本？：

```
@include hidpi(2) {
  width: 500px;
}
```

不需要浪費時間做出評斷，很明顯我們都會認同使用摻入件會更容易撰寫，也較容易記住。

 注意

如前所述，除了CSS3的摻入件，Bourbon也收納了幾個Sass函式。例如Triangle，這可以讓我們建立基於CSS的三角圖形。不過我並不打算深入Bourbon函式庫的所有內容。此外，由於這些函式集合可能會隨著CSS規格的變化而更新或修訂，因此最好是先參閱官方文件（http://bourbon.io/docs/）。

建立及使用Sass函式

函式能夠讓樣式規則的建立更加動態化。Sass的函式是使用@function指令來宣告，後面則接著函式名稱、以及配上適當預設值的參數。Sass函式的最簡單型式如下所示：

```
@function name($parameter: green) {

}
```

不過這支函式不會輸出任何東西。要產生函式的結果，我們需要加上一個@return值。以前面例子來說，如果我們想要輸出預設的參數值，那麼必須寫一個@return值，後面接著$parameter，如下所示：

```
@function name($parameter: green) {
  @return $parameter;
}
```

在選取器裡使用這支函式，如下所示：

```
@function name($parameter: green) {
  @return $parameter;
}
```

```
.selector {
  color: name();
}
```

編譯它便可以得到以下的輸出結果：

```
.selector {
  color: green;
}
```

除了預設值外，也可以指定一個新值來自訂輸出：

```
.selector {
  color: name(yellow);
}
```

便會產出不同的輸出結果，如以下程式碼所示：

```
.selector {
  color: yellow;
}
```

注意

這項範例僅表達了函式的基本功能。其實我們還可以參照其他的範例，來瞭解如何建構出一系列可重複使用的程式碼。所以我會建議你進一步參閱以下的資源，取得更多的範例及討論：

《Using pure Sass functions to make reusable logic more useful》（http://thesassway.com/advanced/pure-sass-functions）

《A couple of Sass functions》（http://hugogiraudel.com/2013/08/12/sass-functions/）

使用 Sass 函式處理顏色

我喜歡使用 CSS 預處理器（例如 Sass）的一個原因是：顏色的設定與修改非常容易。Sass 提供許多與顏色相關的函式，以下是幾個 Sass 顏色函式的清單供你參考，這些對於稍後在網站上的顏色處理非常有用：

函式	說明	範例
lighten($color,$amount)	以特定的數值將顏色變淡。	$black: #000000 lighten($black, 10%); 在這個例子，$black顏色會變淡10%，輸出結果為#1a1a1a。

darken($color,$amount)	以特定的數值將顏色變深。	$white: #ffffff;
		darken($white, 10%)
		
		在這個例子，$white顏色會變深10%，輸出結果為#e6e6e6。

fade-out($color,$amount)	以特定的數值將顏色透明化。	$black: #000000; fade-out($black, .5); 在這個例子，$black顏色會轉換為RGB格式並設定透明度為50%，輸出結果為rgba(0, 0, 0, 0.5)。

注意

請參閱Sass官方文件(http://sass-lang.com/documentation/Sass/Script/Functions.html)來進一步瞭解Sass還提供了哪些顏色函式。

Foundation所提供的實用函式

Foundation框架有它自己的一系列函式。Foundation使用這些函式來建構自身的預設樣式，不過這些函式也是我們可以利用的。其中一支好用的函式是rem-calc()，可以讓我們輕鬆的計算rem單位。

Em與Rem

rem單位是繼承自em的相似概念，以下是Ian Yates在他的文章中對於em起源的闡述(http://webdesign.tutsplus.com/articles/taking-the-erm-out-of-ems--webdesign-12321)：

「Em是源自於印刷用途，不過這個名詞是從什麼時候開始使用則是不可考的。由於大寫字母M（發音為emm）最為接近印刷時的字母方塊大小，因此它就作為了一個測量單位。無論字型的點尺寸如何，大寫M的字母方塊即是Em。」

但是如同Jonathan Snookem在他的文章（http://snook.ca/archives/html_and_css/font-size-with-rem）裡所述，em單位有個問題，就是它的複合性質，字級大小是相對於其最接近的父層級而定。就我的經驗而言，所輸出的字級便會產生一些無法預期的問題，字級大小會因為所處的層級不同而變化。請檢視以下的範例：

```
body {
    font-size:16px;
}
div {
    font-size: 1.2em; /* 19px */
}
ul {
    font-size: 1em; /* 19px */
}
ul li {
    font-size: 1.2em; /* 23px */
}
```

rem便是為了解決這個問題而生。rem單位是直接根據<html>的字型大小，也就是HTML文件的根元素（root element）來衡量計算，因此也被稱為根em。無論這個單位在哪裡設定的，其結果都會是準確且一致的，並且也更容易搞清楚（它就像是px單位，只不過它是相對性的）。

rem-calc函式接受整數（integer）與長度（length），因此以下的例子都是可行的：

```
div {
  font-size: rem-calc(12);
}
span {
  font-size: rem-calc(10px);
}
p {
  font-size: rem-calc(11em);
}
```

以這項範例來說，它會變成如下所示：

```
div {
  font-size: 0.75rem;
}
span {
  font-size: 0.625rem;
}
p {
  font-size: 0.6875rem;
}
```

是該一展身手了 —— 深入瞭解 Sass

還有更多關於 Sass 的事物沒有辦法在本書一一說明，例如佔位文字（placeholder）、條件式陳述（conditional statement）以及運算子（operators）等等。幸好我們還能夠仰賴許多關於 Sass 的優秀參考資源及書籍，以下是我所強烈推薦的一些資源：

- 《Sass and Compass for Designers》（Ben Frain，Packt Publishing）（https://www.packtpub.com/web-development/sass-and-compass-designers）

- 《Sass for Web Designers》（Dan Cederholm，A Book Apart）（http://abookapart.com/products/sass-for-web-designers）

- The Sass Way（http://thesassway.com/），內有關於網頁設計的教學以及任何有關於 Sass 的事物。

- 包含網頁設計教學以及 Sass 相關內容的一個專區（http://webdesign.tutsplus.com/categories/sass）。

在繼續忙碌之前，讓我們先以幾項小測驗來結束這節，好嗎？

小測驗 ——Sass 函式的多重參數

我們在前面一節有討論 Sass 函式，並示範了幾項最簡單的範例。在範例中，我們所建立的函式只有一個參數。但其實我們也可以在一個 Sass 函式中加入多個參數。

Q1 那麼，要建立具有多個參數的函式，下列何者是正確的？

1. 將每一個參數以分號隔開。

```
@function name($a:1px; $b:2px){
@return $a + $b
}
```

2. 將每一個參數以加號隔開。

```
@function name($a:2px + $b:2px){
@return $a + $b
}
```

3. 將每一個參數以逗號隔開。

```
@function name($a:1px, $b:2px){
@return $a + $b
}
```

小測驗 ——Sass 顏色處理

Q1 Sass 有許多內建函式。我們在這節使用過 `lighten()`、`darken()` 以及 `fade-out()`，我想這些足夠幫助我們來裝飾這項專案的網站。不過除此之外，其實 `fade-out()` 函式還有另外的名稱具有相同的功用，那麼下列何者是 `fade-out()` 的別名？

1. `transparentize($color, $amount)`

2. `transparency($color, $amount)`

3. `transparent($color, $amount)`

專案回顧

我們在第 7 章曾透過 Bower（http://bower.io/）來安裝 Foundation、Foundation 圖示，以及相關的依賴件（jQuery、Fastclick 和 Modernizr 等等）。我們也已經準備好網站的素材資源，也就是圖像、圖示以及網站標誌。在該章的最後一節，我們建立了一支 index.html 作為網站的首頁，也使用幾個新的 HTML5 標籤建構出標記。目前在工作目錄內的檔案及資料夾如以下擷圖所示：

組織樣式表組織

我們在工作目錄中還缺少了用於自訂網站樣式的樣式表，而我們曾在先前段落提及的 Bourbon 函式庫，則能夠為我們提供實用的摻入件及函式。這便是我們在本章節準備要進行的部分，我們準備要建立樣式表，並認真規劃，使它們日後能夠容易維護。

所以，讓我們繼續作業吧。

是時候開始行動 —— 組織與編譯樣式表

請執行下列步驟，做出適當的規劃，然後編譯出 CSS。

1. 我們需要安裝 Bourbon，請開啟終端機或命令提示字元，然後輸入以下的指令：

```
bower install bourbon --save
```

這個指令會透過 Bower 註冊表安裝 Bourbon 套件，並且註冊至專案的 bower.json 檔內。

 提示

我曾經發表過一篇針對 bower.json 檔的文章(http://webdesign.tutsplus.com/tutorials/quick-tip-what-to-do-when-you-encounter-a-bower-file--cms-21162)，不妨可以閱讀一下！

2. 在 scss 資料夾裡分別建立 _main.scss、_responsive.scss 以及 styles.scss 樣式表。

3. _main.scss 樣式表是我們用來存放自訂樣式規則的地方，而 _responsive.scss 則是用來放置網站的媒體查詢。至於 style.scss 檔則是我們要編譯那些樣式表的地方

 提示

檔名前面的底線「_」是一種特殊註記，用來指示 Sass 編譯器不要直接編譯這支檔案。而這類檔案即是所謂的局部檔(partial file)，是專門被其他的 Sass 檔匯入。

4. 同樣在 scss 資料夾裡，再建立兩支樣式表，分別是 _config.scss 與 foundation.scss。

5. _config.scss 將包含 Foundation 所有變數的副本，而 foundation.scss 則會包含所匯入的 Foundation 局部檔。這些副本能避免我們直接去修改原始檔案，因為那些檔案在版本更新後會被覆蓋掉。

6. 接下來，從 Foundation 的 _settings.scss 檔複製所有內容到我們剛建立的 _config.scss 檔裡。以我們的例子來說，_settings.scss 檔是位於 /components/foundation/scss/foundation/ 目錄中。

7. 另外也從 Foundation 的 foundation.scss 檔複製所有內容到我們另外建立的 foundation.scss 檔裡。

8. 然後，我們需要修正這支 foundation.scss 檔的局部檔匯入路徑。原本所有的路徑都是指向 foundation 資料夾，如下所示：

```
@import "foundation/components/grid";
@import "foundation/components/accordion";
@import "foundation/components/alert-boxes";
... /* 其他匯入內容 */
```

這顯然不正確，因為我們在 scss 資料夾中並沒有名為 founndation 的資料夾。因此我們需要將路徑指向 components 資料夾，也就是局部檔確實放置的地方。請變更路徑如下：

```
@import "../../components/foundation/scss/foundation/components/grid";
@import "../../components/foundation/scss/foundation/components/accordion";
@import "../../components/foundation/scss/foundation/components/alert-boxes";
... /* 其他匯入內容 */
```

提示

上述對於 foundation.scss 的修改可以從 Gist（http://git.io/ldITag）取得。

注意

在 Sass 匯入外部檔案時，我們不需要指定 .scss 或 .sass 副檔名。Sass 編譯器會很聰明地自行判斷，而這也是因為一般的 CSS 其實也是有效的 Sass 格式。

9. 另外我們也需要修正 _config.scss 檔中的路徑，請開啟該檔案，並變更 @import "foundation/functions" 為 @import "../../components/foundation/scss/foundation/functions";。

10. 我們準備要使用 Koala 來將這些樣式表編譯為 CSS。請開啟 Koala 並加入工作目錄：

11. 在 Koala 內的樣式清單，你將找不到有加上底線前綴的 SCSS 樣式表。Koala 預設會忽略這些檔案，所以最終也不會被編譯進 CSS。

12. 不過，你應該會在專案清單內發現兩支主要的樣式表，分別是 `styles.scss` 與 `foundation.scss`。請確定輸出資料夾為 css 資料夾，如下圖所示：

13. 然後，確定 **Auto Compile** 選項有勾選。如此一來如果有任何的變更，它將自動編譯為 CSS。此外，也請勾選 `Source Map` 選項來讓樣式表除錯更加容易。如以下擷圖所示：

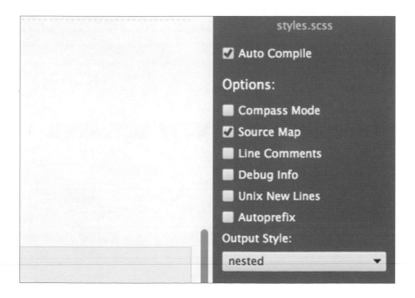

14. 點擊 `styless.scss` 與 `foundation.scss` 的 **Compile** 按鈕來將其編譯為 CSS。

15. 開啟 `index.html` 並在 `<haed>` 標籤內連結所編譯的 CSS 檔，如下所示：

```
<link rel="stylesheet" href="assets/css/foundation.css">
<link rel="stylesheet" href="assets/css/styles.css">
```

剛發生了什麼事？

我們剛安裝了 Bourbon，並且還放入了幾支新樣式表，來為這個網站加入樣式。然後，我們將其編譯為 CSS，並將它們連結至 `index.html`。因此，你可以見到以下的擷圖，網站現在變成 Foundation 的預設樣式了：

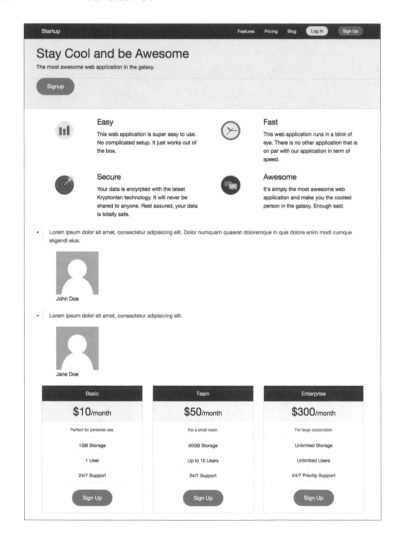

網站的質感

在組織樣式表並加以編譯後，現在正是時候來自訂網站的樣式。我們不需要自行撰寫所有的樣式規則。由於我們有使用框架（Foundation），因此在某些情況下只需要利用變數來變更預設值，便能夠自訂網站樣式。

事不宜遲，讓我們繼續吧。

是時候開始行動 —— 建構網站

修訂網站的外觀會涉及到許多樣式表。因此，請謹慎地執行下列步驟：

1. 在 foundation.scss 匯入以下的樣式表：

```
@import "config";
@import "../../components/foundation/scss/normalize";
@import "../../components/foundation-icons/foundation_icons_\
social/sass/social_foundicons.scss";
 ... /* 其他局部檔 */
```

　　如此一來，變數以及在 _config.scss 內的變更都會透過 Foundation 影響其他元件的樣式表。這支 normalize 會提供標準化的基本元素樣式。至於 social_foundicons.scss 就如同你所猜想的，可以讓我們套用 Foundation 的社群圖示。

2. 開啟 styles.scss 並分別匯入 Bourbon、_config.scss、_main.scss 和 _responsive.scss，如下所示：

```
@import "../../components/bourbon/dist/bourbon";
@import "config";
@import "main";
@import "responsive";
```

3. 接下來，我打算從 Google Font 採用一個自訂字型，因為自訂字型往往比一般的系統字型（例如 Arial 或 Times）來得好看。在這裡，我選擇一個名為 Varela Round 的字型（https://www.google.com/fonts/specimen/Varela+Round）。

4. 開啟 index.html，然後在 <head> 標籤內加入字型樣式表，如下所示：

```
<link rel='stylesheet' href='http://fonts.googleapis.com/css?family=Varela+Round'
 type='text/css'>
```

5. 現在，我們將會變更 font-family 堆疊，從 Foundation 的預設字型變更為 Varela Round。

6. 要這樣做的話，請開啟 _config.scss，將 $body-font-family 變數的註解取消，並插入「Varela Round」，如下所示：

```
$body-font-family: "Varela Round", "Helvetica Neue", "Helvetica",
Helvetica, Arial, sans-serif;
```

 提示

Sass 的註解

註解能夠讓程式碼編譯器或瀏覽器引擎忽略特定的程式碼。不過它也可以作為程式碼的內置說明，解釋程式碼的內容。

每一種程式語言都有其註解程式碼的方式。CSS 的註解方式如下所示：

```
/* .property { content: "" }*/
```

在 Sass，我們可以沿用 CSS 的方式（如前所述），或者加上 //，如下所示：

```
// .property { content: "" }
```

在行的開頭加上 //，編譯器便會忽略這一行，不會嘗試去編譯它。

7. 我們會將每一個網站區塊加上樣式。一開始我們先將重點放在網站頁首，然後一路進行到最終的頁腳。讓我們先從加入圖像背景來開始，請開啟 _main.scss，並加入以下這幾行：

```
.startup-header {
  background: url('../img/banner.jpg') no-repeat center center
  fixed;
  background-size: cover;
}
```

 注意

CSS3 的背景尺寸

背景尺寸是一種特殊的 CSS3 屬性，可以控制背景的伸縮。我們在前面程式碼中將其設定為 cover（覆蓋），便能夠將背景圖像延伸覆蓋至整個容器。更多關於 CSS3 背景尺寸的細節請參閱以下的資源：

◆ 《CSS Backgrounds and Borders Module Level 3》(`http://www.w3.org/TR/css3-background/#thebackground-size`)

◆ Chris Coyier的《Perfect Full Page Background Image》(`http://css-tricks.com/perfect-full-page-background-image/`)

◆ 《Can I Use CSS3 Background Size?》(`http://caniuse.com/#feat=background-img-opts`)

不過這張圖片目前是被隱藏在背景顏色之後，這個背景顏色是套用在頂欄以及 Foundation 的面板(`http://foundation.zurb.com/docs/components/panels.html`) 區塊上，如以下擷圖所示：

8. 所以我們得移除這些背景顏色，才能夠看到背景圖像。要完成這項動作，請先開啟_ config.scss 檔並將以下幾行的註解取消：

```
$topbar-bg-color: #333;
$topbar-bg: $topbar-bg-color;
```

然後將 $topbar-bg-color 變數的值從 #333 改為 transparent（透明）

```
$topbar-bg-color: transparent;
```

9. 將以下這行設定面板背景顏色的註解取消：

```
$panel-bg: scale-color($white, $lightness: -5%);
```

然後，同樣變更其值為 transparent：

```
$panel-bg: transparent;
```

現在你可以看到背景圖像了，如以下擷圖所示：

10. 從以上擷圖可以看到頂欄與面板的背景顏色已經被移除，但還是有一些選單項目是有背景顏色的。

11. 讓我們移除這些背景顏色。請在 _config.scss 將以下這行的註解取消：

```
$topbar-dropdown-bg: #333;
```

將其值變更為 $topbar-bg 變數，如下所示：

```
$topbar-dropdown-bg: $topbar-bg;
```

12. 儲存並等待檔案編譯完成，你應該會見到選單項目上的背景顏色都被移除了，如下圖所示：

13. 加入 padding-top，讓瀏覽器檢視區的上邊界與網站頂欄之間有更多的間距：

```
.startup-header {
...
  .startup-top-bar {
    padding-top: rem-calc(30);
  }
}
```

現在，你會見到距離變大了：

左圖是加入 padding-top 之前，右圖則是加入 padding-top 之後

14. 在面板區塊的頂部及底部加入更多的空白，讓我們可以看到背景圖像的更多部份。請在 `.startup-header` 下嵌套樣式規則，如下所示：

```
.startup-header {
  ...
  .startup-hero {
    padding-top: rem-calc(150px);
    padding-bottom: rem-calc(150px);
  }
}
```

15. 加入標誌圖像，如下所示：

```
.startup-name {
max-width: 60px;
a {
  text-indent: 100%;
  white-space: nowrap;
  overflow: hidden;
  background: url('../img/logo.svg') no-repeat center left;
  background-size: auto 90%;
  opacity: 0.9;
  }
}
```

現在標誌已經加入了，如下所示：

16. 將滑鼠移到選單連結的上方，你將會發現它有著深色的背景顏色，如下所示：

這個背景顏色看起來不太美觀，所以我們要移除它。請在 _config.scss 將以下這行的註解取消：

```
$topbar-link-bg-hover: #272727;
```

然後，取用 $topbar-bg 變數來將它變更為透明的，如下所示：

```
$topbar-link-bg-hover: $topbar-bg;
```

17. 將選單連結改為大寫，讓它看起來更大一些。請將 _config.scss 內的變數 $topbar-link-text-transform 從 none 改為 uppercase：

```
$topbar-link-text-transform: uppercase;
```

18. 再來我們要改變兩個按鈕的樣式：Login 與 Sign Up。我們會讓它看起來更時髦一點。以下是這些按鈕的新樣式，在 .startup-header 下嵌套這幾行：

```
.startup-header {
...
.startup-top-bar {
  padding-top: rem-calc(30);
    ul {
$color: fade-out(#fff, 0.8);
$color-hover: fade-out(#fff, 0.5);
    background-color: transparent;
    .button {
@include transition (border 300ms ease-out, background-color 300ms
ease-out);
    }
    .log-in {
padding-right: 0;
    > .button {
      background-color: transparent;
      border: 2px solid $color;
```

```
        color: #fff;
        &:hover {
      background-color: transparent;
      border: 2px solid $color-hover;
      color: #fff;
        }
      }
    }
    .sign-up {
      > .button {
      background-color: $color;


      border: 2px solid transparent;
      color: #fff;
      &:hover {
        background-color: $color-hover;
        border: 2px solid transparent;
      }
    }
    }
    }
  }
  }
}
```

現在，按鈕看起來應如下所示。將滑鼠暫留在按鈕上，你會見到一個很棒的轉換特效，
這是利用了Bourbon的`transition()`摻入件。其效果請參考以下擷圖：

不過，這只是裝飾性的，你也可以根據自己的喜好來自訂按鈕樣式。

19. 將按鈕的背景透明化之後，讓我們也將選單連結項目（**FEATURES**、**PRICING**與**BLOG**）
稍微透明化。所以請在 _config.scss 內取消 `$topbar-link-color` 變數的註解並變更
其值為`fade-out(#fff, 0.3)`，如下所示：

```
$topbar-link-color: fade-out(#fff, 0.3);
```

20. 然後，也為這些連結加上轉換特效，在 _main.scss 加入以下幾行：

```
.startup-header {
...
  .startup-top-bar {
    ...
    a {
      @include transition(color 300ms ease-out);
      }
    }
}
```

21. 接下來，我們將在頁首加入一個深色的透明層。加入這層之後，頁首文字在背景圖片上就會變得更加明顯。

加入以下幾行至 _main.scss：

```
.startup-header {
...
  .startup-top-bar,
  .startup-hero {
    background-color: fade-out(#000, 0.5);
  }
}
```

22. 以下則是針對頁首區塊的最後一項修改：

```
.startup-header {
...
  .startup-hero {
    padding-top: rem-calc(150px);
    padding-bottom: rem-calc(150px);
    .hero-lead {
      color: darken(#fff, 30%);
    }
  }
...
}
```

現在我們的網站擁有一個很棒的頁首，如以下擷圖所示：

23. 網站的外觀已經有部份改善，我們將繼續下一個區塊。在頁首底下，我們有個功能介紹
   區塊，其中包含了產品的幾項關鍵功能與服務。以下是功能區塊的所有樣式：

```
...
.startup-features {
  padding: rem-calc(90 0);
  figure {
    margin: 0;
  }
  .columns {
    margin-bottom: rem-calc(15);
  }
}
```

在前面的程式碼裡，我們從包覆圖示的 `figure` 元素移除邊界（margin）。讓 `figure` 擁有更
多跨距空間，如以下擷圖所示：

Easy

This web application is super easy to
use. No complicated setup. It just works
out of the box.

Secure

Your data is encyrpted with the latest
Kryptonian technology. It will never be
shared to anyone. Rest assured, your
data is totally safe.

229

除此之外，我們也設定了 `margin-bottom` 與 `padding`，為的是讓這個區塊有更多空白。

24. 在功能介紹區塊的下方，我們還有個專門顯示客戶滿意評價的區塊，我們稱之為見證區塊。請加入以下的樣式規則來建構它：

```
.startup-testimonial {
 padding: rem-calc(90 0);
 text-align: center;
 background-color: darken(#fff, 2%);
 blockquote {
   font-size: rem-calc(24);
}

    figure {
     margin-top: 0;
     margin-bottom: 0;
     .avatar {
     border-radius: 50%;
     display: inline-block;
     width: 64px;
     }
    }
    figcaption {
     margin-top: rem-calc(20);
     color: darken(#fff, 30%);;
    }
  }
```

25. 另外，請在 `_config.scss` 內變更 `$blockquote-border` 的值，來移除 `blockquote` 元素的左側外框，如下所示：

```
$blockquote-border: 0 solid #ddd;
```

請注意這些樣式只是裝飾性的。而在此時，見證區塊應該看起來會像下面這樣：

> Lorem ipsum dolor sit amet, consectetur adipisicing elit. Dolor numquam quaerat doloremque in quis dolore enim modi cumque eligendi eius.

John Doe

> Lorem ipsum dolor sit amet, consectetur adipisicing elit.

Jane Doe

不用驚慌，這是正常的。其餘的樣式會在啟用 Orbit 幻燈片外掛程式後加入。我們很快就會處理到相關步驟。

26. 接下來，我們將製作價格方案表的樣式。以下便是該表格的樣式，其主要目的是為每個表格加上不同的顏色。

```
.startup-pricing {
  $basic-bg : #85c1d0;
  $team-bg : #9489a3;

$enterprise-bg : #d04040;
padding-top: rem-calc(120);
padding-bottom: rem-calc(120);
.pricing-table {
  background-color: darken(#fff, 2%);
}
.pricing-basic {
  .title {
    background-color: $basic-bg;
  }
  .price {
    background-color: lighten($basic-bg, 25%);
  }
}
.pricing-team {
  .title {
    background-color: $team-bg;
  }
  .price {
    background-color: lighten($team-bg, 25%);
  }
}
.pricing-enterprise {
.title {
  background-color: $enterprise-bg;
 }
 .price {
  background-color: lighten($enterprise-bg, 25%);
 }
}
}
```

27. 頁腳區塊則很單純且容易理解，沒有特別需要說明的部分。只是加上許多樣式規則讓頁腳看起來更美觀，如下所示：

```
.startup-footer {
```

```scss
$footer-bg: darken(#fff, 5%);
text-align: center;
padding: rem-calc(60 0 30);
background-color: $footer-bg;
border-top: 1px solid darken($footer-bg, 15%);
.footer-nav {
 ul {
    margin-left: 0;
    }
    li {
      display: inline-block;
      margin: rem-calc(0 10);
    }
    a {
     color: darken($footer-bg, 30%);
     @include transition (color 300ms ease-out);
     &:hover {
       color: darken($footer-bg, 70%);
     }
    }
 }
 .social-nav {
  li a:before {
   margin-right: rem-calc(5);
   position: relative;
   top: 2px;
 }
.foundicon-facebook:hover {
 color: #3b5998;
}
 .foundicon-twitter:hover {
  color: #55acee;
}
}
.footer-copyright {
 margin-top: rem-calc(30);
 color: darken($footer-bg, 15%);
 }
}
```

剛發生了什麼事？

在這一節，我們將重點放在網站的外觀。我們加入了樣式，讓網站從頭到腳看起來都更加美觀。不過，此時還有幾項工作沒有完成，例如 Orbit，並且我們還需要測試網站在小型檢視區尺寸上的檢視狀況。以下是網站目前所看起來的樣貌：

是該一展身手了 —— 色彩與創意

我瞭解所謂的好壞優劣都是非常主觀的，都是取決於個人的喜好及品味。所以我們在前面步驟中對網站所做的配置，諸如顏色、字型及尺寸，有可能不是你所喜好的。但請儘管按你所好、發揮創意並做出變更。

小測驗 —— 匯入外部 Sass 樣式表

Q1 我希望你已依循了先前的所有步驟，並對當中的細節已有所瞭解。我們已匯入數支樣式表並將其編譯成單一的樣式表。我們該如何讓編譯器忽略特定的樣式表，讓它們不會被編譯到 CSS 檔中？

1. 在匯入宣告中移除檔案的副檔名。

2. 在匯入宣告中加上一個下底線為前綴。

3. 在檔名加上一個下底線為前綴。

進一步調整網站

如同之前所述，在能夠宣稱網站完成之前，還有好幾項工作要做。首先，我們要啟用 Orbit 以及頂欄的切換函式。並為小型檢視區尺寸進行最佳化，對區塊的位置及大小做出調整，又是時候開始行動了。

是時候開始行動 —— 編譯 JavaScript 並使用媒體查詢來美化網站

請執行以下步驟來編譯 JavaScript 檔並為小型檢視區尺寸進行最佳化：

1. 在 assets/js 目錄建立一支名為 foundation.js 的 JavaScript 檔。

2. 在 foundation.js 裡匯入以下的 JavaScript 檔：

```
// @koala-prepend "../../components/foundation/js/vendor/jquery.js"
// @koala-prepend "../../components/foundation/js/foundation/foundation.js"
```

```
// @koala-prepend "../../components/foundation/js/foundation/foundation.topbar.js"
// @koala-prepend "../../components/foundation/js/foundation/foundation.orbit.js"
```

3. 透過Koala編譯 foundation.js。

4. 然後開啟index.html，在</body>前加入以下幾行來啟用Orbit的幻燈片功能：

```
<script src="assets/js/foundation.min.js"></script>
<script>
$(document).foundation({
    orbit: {
      timer_speed: 3000,
      pause_on_hover: true,
      resume_on_mouseout: true,
      slide_number: false
    }
   });
</script>
```

5. 現在我們要利用媒體查詢為小型檢視區調整網站佈局。因此我們需要找到Foundation的媒體查詢變數，並將其註解取消。如此一來，我們便能夠在樣式表中使用它：

```
$small-range: (0em, 40em);
$medium-range: (40.063em, 64em);
$large-range: (64.063em, 90em);
$xlarge-range: (90.063em, 120em);
$xxlarge-range: (120.063em, 99999999em);

$screen: "only screen";

$landscape: "#{$screen} and (orientation: landscape)";
$portrait: "#{$screen} and (orientation: portrait)";

$small-up: $screen;
$small-only: "#{$screen} and (max-width: #{upper-bound($smallrange)})";

$medium-up: "#{$screen} and (min-width:#{lower-bound($mediumrange)})";
$medium-only: "#{$screen} and (min-width:#{lower-bound($mediumrange)})
and (max-width:#{upper-bound($medium-range)})";

$large-up: "#{$screen} and (min-width:#{lower-bound($largerange)})";
$large-only: "#{$screen} and (min-width:#{lower-bound($largerange)})
and (max-width:#{upper-bound($large-range)})";
$xlarge-up: "#{$screen} and (min-width:#{lower-bound($xlargerange)})";
$xlarge-only: "#{$screen} and (min-width:#{lower-bound($xlargerange)})
```

235

```
and (max-width:#{upper-bound($xlarge-range)})";
$xxlarge-up: "#{$screen} and (min-width:#{lower-bound($xxlargerange)})";
$xxlarge-only: "#{$screen} and (min-width:#{lower-bound($xxlargerange)})
and (max-width:#{upper-bound($xxlarge-range)})";
```

 提示

我們可以在樣式表中利用這些變數，如下所示：

```
@media #{$small-up} {
}
```

6. 現在，讓我們透過媒體查詢來定義幾個樣式規則，藉此調整網站的樣式，諸如尺寸、位置與空白。

7. 以下是加入到 _responsive.scss 中的所有樣式規則。

```
@media #{$small-up} {
  .startup-name a {
   position: relative;
   left: rem-calc(15);
  }
}
@media #{$small-only} {
  .startup-header {
    .startup-name a {
     background-size: auto 80%;
    }
    .startup-top-bar {
     padding-top: rem-calc(15);
     .top-bar-section {
      text-align: center;
       }
       .sign-up {
        padding-top: 0;
       }
    }
    .startup-hero {
     text-align: center;
    }
   }
   .startup-footer {
    .secondary-nav {
```

```
    li, a {
     display: block;
    }
    a {
      padding: rem-calc(10);
    }
   }
  }
 }
@media #{$medium-up} {
  .startup-top-bar {
   .log-in {
    padding-right: 3px;
   }
   .sign-up {
    padding-left: 3px;
   }
  }
}
@media #{$large-only} {
   .startup-name a {
    position: relative;
    left: rem-calc(0);
   }
  }
```

剛發生了什麼事？

我們編譯了 JavaScript 來啟用 Orbit 幻燈片和頂欄的切換函式。而我們也為小型檢視區尺寸調整了網站佈局，以下擷圖顯示出目前在小型檢視區上的網站樣貌：

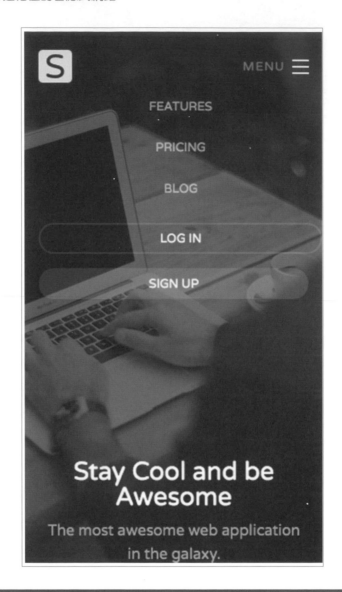

是該一展身手了 —— 移除不必要的 Foundation 元件

我們加入了所有的 Foundation 元件，即使沒有用到的也被加進去。因此最好是移除那些
網站所沒有使用到的樣式。請開啟 _foundation.scss，並將我們所不需要（至少目前
不需要）的 @import 元件加上註解，然後重新編譯樣式表。

總結

我們完成了第三項專案，利用 Foundation 建構出一個新創公司的自適應網站。我們在這項專案中學到了許多事物，特別是關於 Sass 的部份。Sass 是一款強大的 CSS 預處理器能夠讓我們以更有效率且更加彈性的方式編寫樣式。我們已經學會使用變數、內插、摻入件以及其他幾項 Sass 功能。

老實說，我們在書中所討論的工作都不是很困難。我們主要是在建構網站的外觀，諸如顏色與尺寸。所有能夠讓網站自適應的關鍵，例如網格，都已經由我們所使用的框架（Foundation、Bootstrap 以及 Responsive.gs）來處理了。

最後，我期望書中的這些專案讓你在建構自適應網站時擁有一個很棒的開始。